U0209665

初版由著名海洋生物学家蕾切尔·卡尔森作序
再版新增全球动物福利领域的五位顶尖级学者的五篇深度书评

动物机器

[英] 露丝·哈里森 著

侯广旭 译

Animal Machines

The New Factory Farming Industry

江苏人民出版社

图书在版编目(CIP)数据

动物机器 / (英)露丝·哈里森著;侯广旭译.
—南京:江苏人民出版社,2018.12
书名原文:Animal Machines
ISBN 978 - 7 - 214 - 23052 - 2

Ⅰ.①动… Ⅱ.①露…②侯… Ⅲ.①动物福利—研究 Ⅳ.①S815

中国版本图书馆 CIP 数据核字(2019)第 004251 号

江苏省版权局著作权合同登记:图字 10 - 2017 - 503

书 名	动物机器	
著 者	[英]露丝·哈里森	
译 者	侯广旭	
责 任 编 辑	张惠玲	
装 帧 设 计	刘莘莘	
出 版 发 行	江苏人民出版社	
出版社地址	南京市湖南路 1 号 A 楼,邮编:210009	
出版社网址	http://www.jspph.com	
照 排	南京紫藤制版印务中心	
印 刷 者	江苏凤凰通达印刷有限公司	
开 本	652 毫米×960 毫米 1/16	
印 张	17.75 插页 2	
字 数	236 千字	
版 次	2019 年 3 月第 1 版 2019 年 3 月第 1 次印刷	
标 准 书 号	ISBN 978 - 7 - 214 - 23052 - 2	
定 价	48.00 元	

(江苏人民出版社图书凡印装错误可向承印厂调换)

我们为什么推荐《动物机器》？

改革开放以来，我国的农业生产方式发生了重大的变化。在动物生产领域，一个猪场养几百头猪、几千头猪，一个鸡场养几千只鸡、几万只鸡的生产模式不断发展。这种生产方式与传统农民家庭养一两头猪、三五只鸡或十几只鸡的生产方式明显不同。这种变革极大地提高了劳动生产效率，增加了动物源产品的供应，从而为改善人民的生活创造了条件。1978 年，我国人均年占有猪牛羊肉 8.96 公斤，水产品 4.9 公斤，牛奶 0.9 公斤。到 2016 年，我国人均年占有猪牛羊肉 47 公斤，水产品 50.6 公斤，牛奶 26.1 公斤，禽蛋 22.4 公斤。我们无疑应该欢迎这种生产方式，应该感激这种生产方式。

在这种现代的生产方式之下，人们吃到了越来越多的动物性产品，但同时也感觉到猪肉越来越没有"肉味"，鸡蛋的味道也不同于 1978 年之前的味道。这是大家都能感觉得到、也都知道的事情。由于大多数农民家庭已经不再养猪，不再养鸡，猪、鸡越来越由专门的企业在专门的地点集中饲养，公众对猪、鸡的生产过程越来越不熟悉。由于根本没有机会接触，几乎达到了一无所知的程度。《动物机器》一书就首先给我们揭示了这种现代化的动物养殖方式。它详尽描述了集约化养殖中动物的生存环境、生活状态，动物吃进了什么？动物的健康状况怎样？等等。同时它也深入讨论了这种养殖方式对动物意味着什么、对人的健康有何影响等。《动物机器》认为，在这种集约化的养殖条件下，动物的生命意义完全丧失，动物成为了为获利进行生产的工厂中的零部件，成为了生产者攫取利益的工具。同时《动物机器》也指出，这种集约化养殖条件下所生产的动物源产品存在安全风险，直接影响人们的健康。

《动物机器》一书认为，在现代的生产方式下，动物遭受虐待、食品存在安全风险，都是集约化养殖技术本身造成的。这种技术忽视了生命的意义，只以盈利为目的，将动物视为工具与生产线的零件，最终必将损害人类自身的福祉。因此人类应该反思这种"残忍"的养殖方式，改变这种对动物残忍的生产方式。

在当前的中国社会，《动物机器》所批判的这种集约化的生产方式还是生产者所热衷的生产方式，还是政府在"鼓励"的生产方式，虽然这种生产方式的负面作用在中国的表现比起《动物机器》中的描述有过之而无不及。例如，中国养猪企业对重金属元素铜、锌等的添加已经到了无法再容忍的地步。一些猪场所产生的粪便由于铜、锌等重金属元素超标，已经不能用作种植业的肥料，因为它会对庄稼的生长产生严重不良影响。养殖企业所产生的各种粪污，也已成为难以处置的污染源，它污染了空气，污染了水体，污染了土壤。与此形成对照的是，公众还"天真"地认为，猪、鸡等是在村庄中慢慢游荡中长大的，猪粪是庄稼最好的肥料，猪、鸡的粪便等都弄到地里用来生产各种农作物了。

我们引入《动物机器》一书的目的，就是为公众认识集约化生产方式提供点素材，引导公众关心工厂化养殖模式，并为改良这种模式做点工作。《动物机器》一书的出版对英国、欧盟和世界许多国家改进集约化的动物生产方式产生了积极的影响，我们期待它在中国的出版也能产生同样的作用。

中国自然辩证法研究会农业哲学专业委员会主任

严火其

2018 年 12 月 10 日

目　录

　　我准备讨论一种新型农业生产方式,也就是将生产线方法用于动物饲养,被饲养的动物一生生活在暗无天日、久立不动的环境里,也要讨论一代新型人类,他们眼望着他们用这种方法饲养的动物,心里却只想着这些动物转换成人类食品的转换系数有多少。

为了使人们处于身心健全、健康的状态,亦即机体的每个器官都功能正常,我们必须遵循土壤、植物、动物、人、土壤的生命自然循环。一旦我们对这个循环做了手脚,我们就会在某种程度上失去健康与对疾病的免疫力。

对产量的追求压倒了所有质量观念,也偏离了理想农业的理念。本章将要讨论一下这种偏离有多么严重,同时,还要考察一下这种偏离与发病率不断攀升、正在使用药物加以控制的种种疾病有何种关系。

农业生产改变动物天性的程度已经远远超过剥夺动物与生俱来的享受自由浪漫、灿烂阳光和绿水青山的权利,现已达到实际上戕伤了动物的除了求生本能之外的几乎所有天性的程度。

光靠立法是不能充分保障动物能享有一个保障它们权益的宪章的。我们必须重新考量饲养动物的唯一目的就是服务于人类利益的态度。这里现实又一次告诉我们,教育需要贯穿于我们社会生活的各个层面、各个环节。

为什么今天我们仍然需要重新阅读《动物机器》？

玛丽安·斯坦普·道金斯(Marian Stamp Dawkins)
英国牛津大学(University of Dxford，UK)

　　1964 年出版的《动物机器》(*Animal Machines*)已经时隔近半个世纪，书中所论农场动物福利之面貌如今早已今非昔比。这种变化的起源大部分可直接回溯到这本开山之作中的开拓性探索。50 年前，使用层叠笼养法来饲养蛋鸡曾盛极一时，且愈演愈烈。当时，出生于翰墨书香门第的英国动物福利活动家露丝·哈里森(1920—2000)，呼吁政府立法废除这种生产方式。合法格笼饲虽盛行多年，但现已在世界许多地区遭到禁止。在采取具体禁止行动上，瑞典和瑞士走在了最前面。不过，紧接着，2012 年 1 月 1 日，欧盟(European Union)在其全部 27 个成员国里全面禁止了格笼饲。在美国，绝大多数蛋鸡仍然被关在笼子里，然而，从 2008 年开始，加州(California)开始单方面"禁笼"。2013 年，一项"禁笼"议案正在美国国会推进，如果得到通过，美国联邦政府将全面禁止"格笼饲"。约翰·韦伯斯特(John Webster)在他写给露丝·哈里森的饱含敬意的个人颂词(见第二篇书评)中说，除了废除笼养之项，从英国农场动物福利协会(Farm Animal Welfare Council)的成立，到力促欧洲诸委员会修订动物立法，在动物福利的诸多变革环节上，露丝·哈里森的执着追求与巨大影响皆为可感之事，可触之物。至少在世界上某些地区，今天的肉畜、肉禽、奶牛、蛋禽等其饲养方式与境遇，不分大小贵贱，较之 50 年前，均几如咸鱼翻身，大为改观。

　　《动物机器》一书在动物福利的法律法规建设方面，拨正误区，影响至深。此外，该书也属哲理启蒙之读物，革故鼎新，开启民智，使人们的思维方式产生永久性的改变。现代新型农业的科技创新正在使生产更加集约化、规模化，大大提高了劳动生产率，但是，其手段之一却常常是使家畜家禽从放养变成工厂化圈养、笼养。《动物机器》一书出版之前，公众对这类农业科技进步知之甚少。《动物机器》一书出版之后，动物福利问题得到广泛宣传，再借口不知情则有点"此地无银三百两"的意味了。如伯尼·罗林（Bernie Rollin）在第三章中所阐述的那样，作为动物福利的发端之作，露丝书中所论话题自其诞生之初，就迅速在整个世界引起强烈反响，人们思考动物伦理问题时所依据的哲学基础也因此受到影响。同时，露丝的著作也最终筑牢了动物福利话题的科学证据根基，戴维·弗雷泽（David Fraser）（第四篇书评）与唐纳德·布鲁姆（Donald Broom）（第五篇书评）两位学者均集结多种观点为一宗，得出如上结论。现在，动物福利问题完成了从小众之伤感之事到大众关注之要事的转型。一个从前登不上科学大雅之堂的冷门话题如今成了动物科技中的热议话题、显赫之学。动物福利科研一开始得不到什么资助，露丝厚德耿光，慷慨解囊。时下，作为一位科学家，自己研究工作是否具有重要意义，是否会产生社会影响力，其展示的关键方式之一就是要看是否"改善了动物福利"的现状。

　　从某种意义上讲，《动物机器》仍属于它那个时代，所述境况已过半个世纪，时过境迁，一切早已"物人皆非"。然而，此书在动物福利历史上是一座里程碑，其意义重大，当须铭记；半个世纪间，动物福利事业一路走来，已走多远，当需反思；此次重印，既以示尊重，又以示回顾，此因此由，再好不过。但从另一个意义上讲，《动物机器》也属于我们自己这个时代。露丝未竟的事业需要我们去完成：需要学习她的高超技能，做人们普遍接受的观点的引领者、推送者、质疑者与误区拨正者。露丝之著，亦属时代之书，如此看来，其因其由，亦显而易见。

　　放眼世界，当下是地球人吃肉吃得越来越多的年代。有钱人越来越多,肉食的需求也就越来越大。随之而来的自然是,肉用农场动物的存栏量也会越来越大。与此同时,世界人口也在迅猛增长,预计到2050年我们星球上的人口规模将突破 90 亿大关(Godfray et al., 2010)。为了解决这么多人口的吃饭问题,联合国与世界各国政府均提出倡议,要实现家畜生产的高效化与集约化(Steinfeld et al., 2006; The Government Office for Science, 2011)。现在提出的标题口号是,农业必须向可持续性的集约化方向发展。这自然会引发人们的恐惧感:除非我们的警惕性与敏锐感高如当年的露丝,否则,我们亲眼目睹的过去 50 年在动物福利方面的进步就会前功尽弃,甚至会出现开倒车的现象。

在《动物机器》一书正文的第一页,露丝就简练地引用了集约化动物养殖生产系统的五大要素:"快周转,高密度,高机械化,低劳动力需求和高产品转换率。"

紧接着,露丝描述了这些集约化养殖方式对蛋鸡、肉鸡、肉牛、奶牛、肉猪与兔子所产生的不良影响。正是露丝描述的这些不良影响引发了公众针对动物福利的强烈呼声与抗议活动。露丝对集约化农业所下的定义今天仍不过时。一方面,我们有必要实施食品生产高效化,另一方面,我们还要保持并提高动物福利的水平。如何把两者结合起来,是我们今天所面临的挑战。换言之,如果"可持续的集约化生产"是世界所需要的,那么,我们需要单独拎出"可持续的"这个词组,用支架加固,使其语义不再摇摆不定,确保在其含义中揉入高水平动物福利的核心元素,并把这种精神内涵当做最基础、最优先考虑的要素加以捍卫。精要之处,毋需多言,《动物机器》因其直奔现实、直逼时弊,直面困境,因此才有了今天的老书又逢"第二春"。

为改善动物福利标准,露丝视角多维,观点多样,旁征博引,据理力争。这是她的书最为不同凡响之处。诚然,善待动物,拒绝残忍,其意义之重,为露丝书中重中之重,但是,动物福利上去了,人的生活也会更美好,个中机制,露丝不惜笔墨,晓之以理,导之以行。人类食品之质量,生态对于人类生活之影响等要事,露丝皆专辟章节,加以详述细论。伴随动物福利的提高,其生产成本,其经济受益,所涉机制,露丝书中最后一章几乎加以全覆盖。露丝之著,实乃经世致用之著作。露丝深知,她的观点并非为所有人所认同,但她还是想方设法据理力争。只要她能想到的论据或理由,都不分雅俗,事无巨细,悉究本末,诸如,经济私利、健康忧虑、生活质量期待,只要能起点说服作用的,她都无问南北,兼收并蓄,待用无遗。在这方面,露丝的思想新异前卫,引领潮流,逆势而行。综合管理动物福利,其中,环境影响,人类健康,诸多记挂,一并考量,其意义之重大,时至今日,人们方才开始领会(Dawkins, 2012)。露丝之书虽陈年已久,但以上话题书中早有触及,露丝所述所论,仍然值得我们今天好好学习。

露丝之书出版的两年前,一本里程碑式的著作《无声的春天》(*Silent Spring*)早已问世。露丝远见卓识,特邀其作者海洋生物学家雷切尔·卡尔森(Rachel Carson)给她的《动物机器》作序。环境影响与动物福利唇齿相依,唇亡齿寒,个中关联,皆在此种安排中尽显无遗。雷切尔受露丝此书的影响,其至大至深,溢于言表。她在序言中写道:"无论在哪里展卷阅读,此书读者的第一反应必然是沮丧、厌恶和愤怒。"(p. viii)她还认为,露丝有十年磨一剑的治学韧劲,同时又集顽强勇敢于一身(p. vii),她之所以能推出如此力作,在于她能切换多元视角,荟萃真知灼见,集人文关怀、健康威胁、经国济世等多重视域于一书,据理力争。

即使到了现在,动物福利的综合管理所蕴藏的潜能尚未得到充分挖掘。讲究科学实证,在对待动物方式之社会效应上远溯博索,对待不同意见做到博采众议、兼听则明,最后按步骤千方百计地说服所有人接受她的思维方式:对于露丝用来改变现状的上述多种方式与策略,我们到目前尚未做到兼收并蓄,深稽博考。露丝深挖有关情况,广索有用资料,并期望与大众共享。她苦口相劝,力排众议,百折不回。用句古诗句来说,露丝成就了"绝顶人来少、高松鹤不群"的事业,今天也想在动物福利方面做到佼佼不群,完全可以从阅读《动物机器》做起。新旧时代的变迁,有利于我们认清能够取得新成就的新的作为空间。佼佼不群的抱负给我们以灵感,使我们把今天必须做的事情做得更好。

参考书目

Carson, R. 1962. *Silent Spring*. London:Hamish Hamilton.[卡尔森,R.1962.无声的春天.伦敦:哈米什·哈密尔顿英国出版社.]

Dawkins, M. S. 2012. *Why Animals Matter*:*Animal Consciousness*, *Animal Welfare and Human Well-being*.Oxford:Oxford University Press.[道金斯,M.S. 2012.为什么动物重要:动物意识、动物福利和人类福祉.牛津:牛津大学出版社.]

Godfray, H. C. J., Beddington, J. R., Crute, I. R., Haddad, L., Lawrence, D., Muir, J.F., et al..2010. Food security: the challenge of feeding 9 billion people. Science: 327, 812-817.[戈弗雷,H.C.J.,贝丁顿,J.R.,克鲁特,I.R.,哈达德,L.,劳伦斯,D.,缪尔,J.F.,等.2010.食品安全:养活90亿人的挑战,科学. 327;812-817.]

Government Office for Science, 2011.*The Foresight*:*The Future of Food and Farming. Challenge and Choices for Global Sustainability*. Final Project Report. London:The Government Office for Science.[政府科学办公室,2011. 预见:粮食和农业的未来.全球可持续发展面临的挑战与选择.项目结题报告.伦敦:政府科学办公室.]

Harrison, R. 1964. Animal Machines. *The New Factory Farming Industry*. London:Vincent Stuart.[哈里森,R.1964.动物机器.新型工厂化农业.伦敦:文森特·斯图尔特.]

Steinfeld, H., Gerber, P., Wassener, T., Castel, V., Rosales, M. and de Haan, C. 2006. *Livestock's Long Shadow. Environmental Issues and Options*. Rome:Food and Agricultural Organization of the United Nations.[斯坦菲尔德,H.格柏,P.瓦塞纳,T.卡斯特尔,V.罗塞莱斯,M.哈恩,C.2006.畜牧业的巨大阴影.环境问题与选择.罗马:联合国粮农组织.]

为启人心智、催人奋进的朋友露丝·哈里森点赞

约翰·韦伯斯特(John Webster)

英国布里斯托大学(University of Bristol，UK)

英国人向来以动物的善待者而自居。自 1822 年以来,国家颁布了多部动物保护法规。1822 年以前,动物一直被定义为财产,且其自身权益得不到任何法律保障。1822 年,英国议会通过了防止使用残忍或不当的方式对待家牛的《马丁法案》(Martin's Act),使其成为世界上首部对动物福利进行保护的国家议会立法。最强有力的一项动物福利单独立法是 1911 年通过的《动物保护法》(Protection of Animals Act)。该法规定,通过积极的任何作为行为或消极的任何不作为行为使动物遭受不必要痛苦的行为都是违法或犯罪行为。该法的具体实施与解释则由司法机关及其司法人员负责。然而,法律是政客起草的,而在一个民主国家,政治要不断适应与进化,以反映公民对公正社会认识的不断变化。"公正社会"更常见的解释方式是,"有理性的人"视为"公正"的社会。

目前环境毕竟还是足以令人欣慰的。一个几近无可争议的事实是,用英国著名法理学家 H. L. A.哈特(H.L.A.Hart)的话来说就是,"心中仍坚守着传统道德观与理想追求的某些社会群体,还有些其觉悟程度、其道德境界已远远超前于当今历史条件下形成的道德体系的道德先锋们,他们别有情怀、开启民智,推动新型道德评价观。以上两大群体,其信念、观念、理想、境界等都已经深深地影响到动物福利的法制

建设"(Hart, 1961)。这些明辨是非、成风化人的批评家们常常不是至理达人的男士,而是达士拔俗的女士。其中佼佼者有:其肖像印在五英镑纸币上的英国人道主义活动家伊丽莎白·弗赖伊(Elizabeth Fry),《时代杂志》(Time)20世纪最具影响100人之一的英国女性政治权利活动家埃米琳·潘克赫斯特(Emmeline Pankhurst),美国著名海洋生物学家雷切尔·卡尔森,还有英国动物福利运动活动家露丝·哈里森。露丝在她这部对世人影响巨大的作品《动物机器》中说,一个人对一只动物的虐待一般被视为虐待,但是当一群人对一群动物的虐待被冠以商业名义时却得到宽忍,而一旦关系到庞大数额金钱的得失,这些原本聪明过顶的人们会将这种虐待进行到底。单单这一句话就把为集约化农业生产辩护所需的精神的缺失或任性的虚伪揭露无遗。我们所有人不是生产者,就是消费者,不管我们属于哪一种,我们一般只为我们当做独立个体对待的动物,如我们养的宠物,提供一种值得一过的生活。对此行此为,我们已感心满意足,心安理得。但是,早在1954年通过的《英国鸟类保护法》(UK's Protection of Birds Act)中所含荒谬款项却是露丝发现并指出的。该法规定,笼养任何鸟类者须给予其足够空间以便其扇动翅膀,可紧接着又声明,"但该项要求不适用于家禽"。(《动物机器》,p.153)

从露丝小时候接受的教养中很难看出她在成年时会有一种持续如此之久的满腔义愤与对真相的渴求,也难看出她会在这种精神的驱动下潜心于动物福利研究,并撰写出《动物机器》。露丝是素食者(但并非纯素食者)。不过,在1961年以前,她一直过着一种卓有成就的、充实的、颇有艺术情趣的、基本上与现代都市生活节奏合拍的生活。就我搜集到的资料显示,她过去从来没有表现出过对动物的情有独钟。当年来自"向所有虐待动物的行为宣战"组织(Crusade Against All Cruelty to Animals)的一张传单引起了露丝对于鸡鸭鹅狗、猪马牛羊等诸多用于食品生产的动物的困境的担忧,同时也仿佛一声枪响宣告了她讨伐所有虐待动物的行为之战的开始。她说,她之所以揭竿而起、率先发难,并不是单单出于对动物的爱心,主要还是抱着一种对同样为有情生灵的动物所遭遇的不公待遇的强烈义愤,因为在被屠宰以满足我们人类食欲之前,他们也同样为有知觉有情感的生灵,同样有权拥有自己的生活,而不仅仅是来地球作短暂驻留。

50年后的今天重新研读《动物机器》这部书,其阅读方法可参照亚里士多德的著作阅读法或《圣经》阅读法:无需奉为信条,但需尊重其巨大的影响力与敏锐的洞察力。物转星移,东海扬尘,书中所描,大部分已今非昔比。细考其变化之原因,不外两种:新法创设,其影响聊胜于无;而人民行动,力大无穷,其影响至关重要,从全民购买草鸡蛋的兴趣大增一例即可见微知著,窥豹一斑。露丝书出版以来,对家畜家禽的生理与行为需求知识早已被刷新,因此,对露丝书中某些结论的解读也需要与时俱进,书中还有一些结论甚至是错误的(暂且留给读者自己去发现)。尽管如此,英国与欧盟通过立法推动了猪、牛和鸡等动物福利一次次的重大改善,美国各州也都纷纷立法全面禁止了群养母猪栏舍,自由食品与全球动物伙伴关系(Freedom Foods and the Global Animal Partnership)等动物高福利发展计划项目得以创立,动物福利科研与应用的资助资金大幅增长,如,泛欧洲福利质量计划(pan-European Welfare Quality © programme):所有这一切进展与进步,就像线粒体DNA(母系血统)一样,都可回溯到他们的共同祖先,即露丝本人所做出的贡献。

当我再一次读《动物机器》这本书时,我又一次被它的力量所震撼。为了放大动物福利问题的情感效应,露丝图文并用,做到有图有真相。让读者对工厂化农业生产最糟糕、最触目惊心的一面,感同身受。露丝深知,一张照片胜过千言万语。那只困在格子笼里的受虐母鸡的影像定格,其对大众思想观念的影响,要比1000项针对蛋鸡福利问题勤奋科研搞出的成果还要大。但是,即使这样,她还是小心翼翼、精心操作,给她书中图片添加事实支撑性文字。这些文字来自对工厂化农场的采访与跟场方生产人员的谈话。对这些生产人员现场给出的书面与口头解释与理由说明,露丝在书中都详加引述。露丝书中对动物福利的科学论述并不多,原因是当时该学科仍草创未就。当时的动物科技的研究几乎专攻生产效益提升。《动物机器》出版那一年,我正好开始我的研究生涯,因此,我可以对此现身说法。露丝最终并未全盘否定动物生产业。她摆事实,讲证据,求公正,让读者自己决定该怎么做,这样做显得更方便一些。

我记得第一次见到露丝应该是在 1979 年。那一年,我被任命为农场动物福利委员会(Farm Animal Welfare Council)的前身农场动物福利咨询委员会(Farm Animal Welfare Advisory Committee)的理事。当时,我刚刚从位于苏格兰阿伯丁郡(Aberdeen)的洛维特研究所(Rowett Research Institute)的一个全职科研岗调转到位于英格兰西南部城市布里斯托(Bristol)的布里斯托大学兽医学院(University of Bristol Veterinary School),任畜牧系主任。在洛维特研究所工作期间,我曾承担了一项研究任务,对小白牛肉生产中所需矿物质(主要是铁和铜)的以往研究做一个独立的综述性研究。主要研究目的就是避免片面追求高效率生产而致使肉质大打折扣。这是我第一次接触动物生产研究,也是最糟糕的一次经历。我得出的结论是,要解决小肉牛生产问题,其方法决不单单是微调铁供以预防临床贫血症。原来所做的一切都大错而特错!饲料中缺乏纤维素,会引发消化系统功能紊乱,进而导致许多慢性疾病,而这些又容易使动物患上继发性肺炎。首先,动物圈舍设施与环境会给动物带来物理上的不舒适,尤其会影响动物的体热平衡和调节,使动物感到进一步的不舒适。动物圈舍没有动物施展其觅食、求舒适与社会互动等先天性与学习行为所需的空间。他们从来都没有看到过、也没有听到过正常农场生产劳动的景象与声音,于是,稍有"风吹草动",他们就会或瞠目而视、或歇斯底里、或"炸营"骚乱。重读一遍紧邻这句的上面四句话,你会发现,对动物福利的"五大自由"原则(Five Freedoms)的践踏均在里面,一应俱全。

我初到布里斯托大学,就向农业研究理事会(Agricultural

Research Council)①申请了一个研究项目,该项目探索如何开发一种更为人道但同时也不失为高效的新型畜牧生产体系,以提高小肉牛的健康水平与福利。当时,我的项目未获批准,农业研究理事会反馈的意见是,"该课题领域目前尚少积累与基础,因此,我们认为该课题的研究条件尚不成熟"(原文如此)。因此,第一次见到露丝时,我们彼此都发现我们心中都拥有一种共同的愤怒。道同相谋结硕果,现已成为规模较大、国际知名、倍受尊重的布里斯托大学动物福利与行为研究中心(University of Bristol Centre for Animal Welfare and Behaviour)当初得到的第一笔研究资助,就来自当年露丝创建的农场动物保健信托(Farm Animal Care Trust)。这笔资助也让我和克莱尔·萨维尔(Claire Saville)(现为威克斯[Weekes])开始合作一个旨在解决小肉牛福利保障的主要问题的科研项目。我们得出的主要研究结论,还有后来由"动物健康信托"(Animal Health Trust)②提供资助、由动物健康专家戴维·韦尔奇曼(David Welchman)所做出的主要研究结论,都几乎一字未动地被写入英国(后来欧盟)确立小肉牛的饲料与畜舍供给的最低标准的立法文本中。

在农场动物福利委员会任职期间,露丝除了对正义的追求依然强烈之外,她的心态也很开放,愿意参与理性争鸣,愿意与时俱进地接受科学理论与实践中不断涌现出的新知识。然而,对于群情激昂、信誓旦旦的"无脑"断言,她不轻信、多质疑、常归零。她不止一次地再展早期生理学家的勇气,在自己身体上做实验。她拿自己作实验对象,全程体验二氧化碳昏迷法实验与电免疫法实验,而这两种方法一直被贴上"人道"的标签加以推广。露丝宣告,第一种方法令人恐惧,第二种方法引发的痛苦令人难以忍受。露丝的话句句写实,拳拳到肉,直拷良心,鸡汤味全无,我们自当道必遵行。

---

① 现为"生物技术与生物科学研究会"(BBSRC)。
② 由另一位杰出女性阿伦(Allen)夫人资助。

她对自己的事业从不言乏力,不言放弃,不甘示弱,颇具风骨。但她同时也老是面带微笑,亲大众,接地气,愿意倾听不同意见,颇有风度。她的人格魅力使她的性格与风格更容易让人首肯心折。然而,对于不同意见、相反观点与论据,不管是来自行业内,还是出自科学家,她几乎从不以其"面值"是取。她从来不随心所欲,大刀一挥,漠而视之,摈而弃之。相反,她自信满满,认为自己跟其对话者一样,也是"老司机",见多识广,成竹在胸。于是,她就攻瑕指失,力主复审自查,点窜修订,一丝不苟。每次给农场动物福利委员会撰写报告时,忙碌的一天就要结束,大家都想要喝点东西,放松一下,或干脆打道回府,这时,她老是提请我们注意哪些地方她还不十分满意,哪些地方她觉得我们能够、也应该做得更好。没有什么事情能比这个更让人抓狂的了。但是,在我看来,因为她几乎总是说对,我不得不承认,她的作用是不可或缺、无可替代的。

《动物机器》的出版催生了英国动物福利技术委员会布兰贝尔委员会(Brambell Committee)于 1965 年发布的第一份报告《布兰贝尔报告》(*Brambell Report*)。该报告将动物福利列为政治议程上的首要任务。这件事已关乎历史的撰写。更重要的是,它是一把火炬,点燃了动物福利运动的一簇簇火苗,在过去 50 年中,尤其是近 10 年间,动物福利运动已成燎原之势,动物福利的实际状况大为改观。提高集约化生产系统中动物(圈养小肉牛、母猪、笼养蛋鸡等)福利的最低标准是露丝一直最为关注之事,如今这一项已开花结果,其中,立法功不可没。然而,推动这场变革的主要力量一直是,将来继续是,帮助公众加深对问题的认识,让他们知道关着的门里到底发生了什么,又有什么样的"秘密"。另外,购买质量既有保证又可控的高福利动物所产食品,以鼓励采用人道主义畜牧生产方式,在这方面,公众也可有所作为。我们要走的路还很漫长,但是,现状改变的速度与幅度已经、并正在超乎我们的想象。遗憾的是,露丝在这些改变提速之前就永远离开了我们,然而,她留给我们的宝贵遗产将永远伴随着我们。

参考书目

Brambell, F. W. R. 1965. *Report of Technical Committee to Enquire into the Welfare of Animals Kept Under Intensive Husbandry Systems*, Cmnd. 2836. London: HMSO.[布兰贝尔 F.W.R. 1965.技术委员会关于集约化饲养系统中动物福利的调查报告,第 2836 号.伦敦:英国皇家文书局.]

Harrison, R. 1964. *Animal Machines : The New Factory Farming Industry.* London:Vincent Stuart.[哈里森,R.1964.动物机器.新型工厂化农业.伦敦:文森特·斯图尔特.]

Hart, H.L.A. 1961. *The Concept of Law.* Oxford: Clarendon Press.[哈特,H.L.A. 1961.法律概念,牛津: 克拉伦登出版社.]

《动物机器》：预言与哲理

伯纳德·E·罗林(Bernard E. Rollin)
美国科罗拉多州立大学(Colorado State University，USA)

  "先知"这个词常被误用。今天，提起它，大家脑海里可能会想起两幅画面：一个巫婆模样的老妇凝视着水晶球，把她所看到的"未知世界"的幻象与别人向她提出的问题联系起来；一个通灵的术士察看茶杯中残留的茶叶渣的图案和形状，来为他的顾客推算当日运势。回溯到古老的《圣经》时代，该词指一个对人类社会的重要时刻有较早清楚了解或准确预言的人，而其他人对这些"大事"往往一无所知或估计过低或重视不足。《圣经》中耶利米(Jeremiah)就是这样的人，他成功地预测了如果以色列继续举族与超级大国巴比伦抗衡的话，必然会被其所灭。

  露丝·哈里森过去是，现在无疑也是耶利米式的"先知"，也就是说，"先知"一词的后一个意思真正匹配哈里森的特质。《动物机器》1964年出版的那一年，我在英国还是个本科生。在我的职业生涯里，我从来没遇到过单单一本书就使整个社会为之震撼的情景。由此书触发，大众媒体关于动物福利的出版物呈"井喷"态势，热爆于坊间，包括由埃尔斯佩思·赫胥黎(Elspeth Huxley)出版的一套系列精品丛书。记得初读这套书的时候，内心明明有种恐惧，却偏偏又喜欢去读。这套书既与哈里森的书相辅相成，又进一步强化了后者的主题。在爱丁堡大学(University of Edinburgh)学习期间，我没有学过动物伦理知识，我的专业方向是苏格兰哲学家大卫·休谟(David Hume)研究与苏格兰常识哲学——一个又冷又窄的研究领域。但是，即便在那时，我已经断定，哈里森的作品一如休谟传统，她承认动物所遭遇的痛苦是一种"常识真理"，也是一种关涉"社会共同行为准则"的问题。哈里森的论述鞭辟入里，在1970年代里，让我感到醍醐灌顶，脑洞大开，为我打开一条新路，使我40多年来不忘初心，情系动物福利事业矢志不渝。她是我的职业生涯的启动者、塑造者与领路人。

《动物机器》极具情感冲击力，文字风格令人难忘，学术知识新颖而前沿，诸多亮点，组合独特，集于一书。从动物福利危机，到人类健康忧虑，到环境污染与破坏，实际上，但凡有关农业产业化所产生的不良反应，在她书中都巨细无遗，逐一论及，引人瞩目。此书不仅观点鲜明，所论问题多元，哈里森也极具预言家的语言禀赋。哈里森的语言感染力与说服力超强，就是英国公众中的普通百姓，也深为书中学术的智慧与发自肺腑的真情实感所打动。如果不是这样大的影响，英国政府怎么会在此书一出后便立刻迫于压力特设了一个委员会，专门调查在集约限制空间内饲养的动物生活状态问题。该委员会发布的报告以法律文本的形式推出了后来称之为"五大自由"（Five Freedoms）的表述：其概念涵盖了农场动物所应享有的一系列最低伦理权利。"五大自由"后来被农场动物福利咨询委员会所采纳，并于1979年，最终被农场动物福利委员会采纳。原本《布兰贝尔报告》指出，"农场动物应享有站立、躺卧、转身、自我洗刷理毛与伸展四肢的自由"。农场动物福利委员会的现行版本对"五大自由"的描述如下：

> 动物的福利状态涵盖其生理与心理状态。我们认为，良好的动物福利既意味着健康，又意味着幸福感。最起码应保证人类饲养的任何动物不遭受额外痛苦。农场动物无论是在农场里，还是在运输途中，无论是在市场上，还是在屠宰场所，其福利状况都不容忽视，应按"五大自由"的标准来考量。这五种自由属于动物福利理想状态的典型定义，并不代表实际可接受的动物福利标准。

它们构成了一个综合性逻辑框架,适合在任何生产系统中用来评价分析动物福利水准,相当于一套"兜底式条款":高效畜牧业生产都可能具有一种局限性,要实现生产实践中的动物福利的切实保护与提高,就有必要采取一些具体措施与折中方案,这些都是该兜底式框架下需要考虑的问题。

1. 享受不受饥渴的自由——保证提供动物保持良好健康和精力所需要的饲料与饮水。

2. 享有生活舒适的自由——提供适当的畜舍或栖息场所,让动物能够得到舒适的睡眠和休息。

3. 享有不遭受痛苦、伤害或疾病困扰的自由——预防疾病并对患病动物进行及时的诊疗。

4. 享有表达天性的自由——提供足够空间、适当设施以及有同类伙伴在一起生活。

5. 享有生活无恐惧和无悲伤的自由——提供的条件与对待的方式要保证不会使动物遭受精神痛苦。

令人遗憾的是,《布兰贝尔报告》并没有发挥出该有的监管功能。这对动物福利事业的发展确实是一个不小的障碍,尽管如此,该报告仍像一座灯塔,指明了工厂化农业生产所面临诸多难题的解决方向,并最终还是在欧盟及欧洲诸国立法中变成了看门狗且长出了利牙,对监控对象起到了惩戒功能。瑞典标志性作家、著名儿童文学女作家阿斯特里德·林德格伦(Astrid Lindgren),在瑞典也被誉为"每个人的祖母",她根据瑞典农场动物兽医师克里斯蒂娜·福斯隆德(Christina Forslund)向她描述的瑞典农场动物的遭遇与境况,以她自己为主力,于 1988 年成功促使瑞典政府颁布了一项严格制约对农业生产动物自由行为进行限制的立法。《纽约时报》(*New York Times*)将该法描述为"农场动物人权宣言",该法在瑞典议会审议中一路绿灯,畅通无阻。露丝·哈里森的超前思考与远见卓识,又一次在上述历史进程中得到验证。由"美国人道协会"(the Humane Society of the United States)牵头的,就废除层架笼养、母猪栏舍或孕期围栏与小肉牛牛栏等饲养方法或设施问题所进行的美国各州投票表决中,露丝·哈里森的思想也产生了潜移默化的影响。

我是在1970年代开始撰写动物伦理学方面的论文的,当时,如上所述,我的研究思路始于露丝·哈里森的著作,在"布兰贝尔理事会"(Brambell Commission)发布的文件里穿梭。哈里森著作和这些文件的影响,几乎占据了我的全部思维。在这个思维链条中,有两个关键环节对我的研究方法起着决定性作用:寻求公众支持和尊重动物生理特性与心理天性。美国普林斯顿大学(Princeton University)生物伦理学教授彼得·辛格(Peter Singer)当时没有在英国工作,但是想必也受到了露丝·哈里森著作的影响,并于1975年出版了动物伦理学的发轫之作《动物解放》(*Animal Liberation*),并将其自我定位为一部"新动物伦理学"。其理论基于辉煌的英国功利主义哲学传统,其滥觞可回溯到现代功利主义哲学流派的开山鼻祖杰里米·边沁(Jeremy Bentham)。尽管我对辛格的论证欣赏有加,但我认为它们并不尽如人意。下面列举原因若干。首先,辛格推理直捣主题,就是要废止在功利主义者看来似乎缺乏道德正当性的动物饲养。其次,就我本人的理解,辛格处理这个问题的抓手就是基于使快感最大化的同时使痛感最小化的原则。尽管辛格设置的抓手可圈可点,但在我看来,快感与痛感这一对单一指标的测定不足以对动物福利状态进行客观判定。本人发现,人类对动物的使用伤害到动物本身的方式多种多样,可是我们还不能给这些方式统统都扣上"痛苦"的帽子。具体来说,除非把所有通常不列在"痛感"标题下的"痛苦"都整合到"痛感"一词的概念里,否则,人类加害于动物身上的痛苦并不能都由"痛感"一词的任何普通意义反映出来。同样对动物造成伤害并被露丝·哈里森如此认定的"状态"还包括:孤独,无聊,恐惧,刺激性剥夺,无法运动,"骨肉分离"(与子女或父母隔离),食物质量差,无法采食粮草或捕猎,凡此种种,不一而足。倘若不是境造人为,所有这些囧况都很难跟快感与痛感牵扯到一起。再次,同样问题不小的是,露丝·哈里森确实揭露了动物饲养的真相细节,引起民情汹汹,义愤填膺,但依我所见,尽管绝大多数公众对生产性动物虐待心知肚明,对在动物身上做侵犯性研究昭昭在目,但他们既没有主动抵制动物源食品,也没有拒绝拿动物做实验给人类健康带来的益处。

被誉为 20 世纪最有能力的动物权益活动家美籍比利时人亨利·史匹拉(Henry Spira)多次跟我谈到,纵观美国历史,从未有过任何社会变革与伦理革命不是呈循序渐进式和函数增量式的产生模式,我们一起经历的民权运动也不例外。紧接着的问题是:为什么总有人认为动物道德地位的赋予应该另当别论?随着我自己思想体系的形成,依据哈里森、柏拉图与亚里士多德对我产生的影响,我对自己的研究路径做了精心调整。哈里森的书,以及她对欧洲诸国政策制订产生重大影响的思想,其中都强调了尊重动物的心理与生物学需求与天性,对此,"布兰贝尔理事会"也再三强调。不仅如此,尽管没有得到当代生物科学的支持,但是,动物有天性的概念早已深入人心,深入民间。"猪有猪性,牛有牛性,狗有狗性",这在绝大部分普通百姓看来,其概念是不成问题的。他们觉得,限制性农业对这种天性的破坏是道德沦丧的。我在皮尤工业农场动物生产委员会(Pew Commission on Industrial Farm Animal Production)任职期间,我和 15 位专家同事曾一起研究动物源食品与限制性农业问题。他们中间有很多人从未见过极其狭窄的孕期围栏式母猪栏舍。有一次去参观,离开农场时,他们的眼睛都含着泪水。作为职业生涯里大部分时间在教哲学史的教师,我能引用亚里斯多德的"万有生命论"概念—动物的本性—作为根基概念来阐释人类对动物应履行道德义务的观念。这一观念具有很强的代入感,足以令消费者们信服。同样地,这些年听过我做的动物伦理学报告的数以千计骑马放牧的牛场"牛仔"们,他们也觉得这一观念非常在理。

我的动物伦理学研究路径的最后一个环节来自于柏拉图,露丝·哈里森的著作对这一环节也有清晰的阐释。柏拉图始终强调,在处理成人伦理问题时,我们需要做的是提醒,而不是说教。经历了人权运动时代,我深深地懂得马丁·路德·金(Martin Luther King)和林登·约翰逊(Lyndon Johnson)均履行先知先贤的"只示不教"的教诲。他们向公众发出的呼吁大获成功,不是基于他们为美国黑人得到公正待遇而创立了某种新的道德原则,而是基于他们从旁提示美国公民恪守承诺,坚信所有人都应该平等,而黑人的确也是人。

为了进一步解读柏拉图的"示/教"概念,让我用武术隐喻来解释一下我所采用的研究策略。徒手格斗,术分两种,且彼此对立。一术是相扑术,仿佛美式橄榄球中的攻防双方的锋线队员,与对手互相角力。辩论中,若两军对垒,旗鼓相当,或你方状态理想,略胜一筹,则相扑术不失为切实可行的一种方法。然而,如果你和你的对手实力悬殊,云泥有别,那么,此搏击术则相当于以卵击石。若遇此境,顺势而为,借力打力,施柔道之术,当为上策。天下武功,刚柔相济,伦理论坛,亦是同理。尤当"敌强我弱"之时,其伦理假说已暗含君之伦理立场,君则可先不动声色,寻机乘虚而入,将其公之于众。这要比主动出击,将看法加诸于人更为策略。

这反过来也让我对动物伦理学有了新的认识。事实似乎如此,西方社会正朝向对动物道德状态关注型社会稳步前进。若果真如此,此番大业也不会通过凭空生成一套动物全新伦理学来成就。相反,我们应该寄希望于对现存人义伦理道德作必要变通与修订,然后,导出来应用于处理动物的待遇问题。

虽然提出这种动议一般来说并不太可能,但成就这件事远比人们想象的容易。毕竟,大量社会教育一般致力于确保受教育者在同样的社会伦理纲常框架下成长。无须质疑,如果我们不能万众一心,共享一齐天下的相同基本伦理观,那么,整个社会的运作就难以摆脱无政府主义的混乱。考虑到我们的核心伦理观都是相同的,且从儿时起,社会就一直花大力气将这些伦理观灌输给我们,倘若整个社会愿意用此种伦理观来对待动物,那么,相比于从零做起打造一个与大多数人业已形成的伦理信仰之间出现断档的新伦理观,对现存广为接受的核心伦理观进行逻辑演绎拓展,难道不可以结出更丰硕的成果?

与此同时,我们不妨回忆一下,西方社会是如何将人类道德范畴覆盖到其道德状态被无视的弱势群体的,如妇女儿童、少数民族、残障人士和第三世界公民。西方社会为这种延伸覆盖努力了差不多半个世纪。如前所述,切实有效的新伦理不是向壁虚构的。所以,最为合理的办法显然是坚持我心依旧、砥砺前行,将业已建立的处理人事的道德机制,适当加以修订,用于对待动物。而这件事恰恰是人们一直在做的。社会已开始汲取用来评估待人的道德范畴的"活水源头",对有关概念进行画龙点睛式的腾挪变通,以处理动物使用上出现的新问题,尤其是科学实验与限制性农业生产上的动物使用问题。

如今,人类伦理的哪一方面得到了如此广泛的拓展?事实上,一个涉及到个人利益与公共利益之间权衡得失的根本性问题已被拓展到了人类对动物的使用领域,且具有较高的适用性,对这个根本性问题,答案因社会形态的不同而不同。集权主义社会不太把个人利益放在眼里,相反,更多考虑的是国家利益或公共利益,无论其版本怎样更新,永远是集体主义那种利益。而在另一个极端——某些无政府主义组织,如公社,则优先考虑个人利益,轻视集体利益,因此,这些组织只是昙花一现,不能长久立足。然而,我们的社会在个人利益与公共利益之间找到了一个平衡点,在对立中把握了统一。尽管我们的大部分决策都旨在实现公共利益最大化,但是给每个人周围都砌了一道防护墙,以防止为了大多数人的利益而牺牲或侵犯个人的基本权利。如此一来,个人言论即便不受多数人待见,也不能受封杀,以至于被禁言,作品遭下架;即便征收个人财产会使公共利益受益,也要保护物权人,以避免个人财产被强拆、挤占而没有得到补偿;即便某人在一所小学校园里放置了一颗炸弹,且拒不交代放置的位置,也不能对其刑讯逼供。我们保护的是属于人、作为人、关乎人性的最基本利益或诉求,使它们不被公共利益所淹没。这些由道德与法律所垒起的保护公民个体的防护墙称为权利,它们植根于对于万物之灵的人的最基本属性的合理假定。

　　整个社会都在把目光投向上述这一理念，为的是打造新道德观，这样我们好用这种新道德观来讨论在当今世界里如何善待动物的天性。其实，在当今世界里，虐待并不是主要问题，对于这一点，露丝·哈里森书的最后一章论述周延，笔触精当。但问题是，同样在当今世界里，导致动物忍受种种难以忍受的痛苦的罪魁祸首，却是那些人们大为追捧的，为人类总体福利目标实现所需的效率、生产率、知识、医学进步和产品安全等诸多要素。社会中许多人正在寻求给动物筑造"防护墙"，防止人类大肆侵犯它们的利益，淹没它们的天性。人们为达此目标，不惜诉诸立法。传统农业靠人工饲养、精心照料来提高生产率，其中的动物福利保护是顺其自然的。而在工业化农业里，一切不再顺其自然，人们寄希望于立法来满足动物福利。

　　在这里，有必要强调指出的是，此种新伦理观的主流压根就不具有某些属性，同时也没有拥有这些属性的意图。这场运动的主流并不是将人权移植为动物权。人畜天性不同，由不同天性衍生出来的利益与权益也就随之不同。因此，人权不能完全匹配动物权。在动物的天性里，对于言论自由、宗教信仰和财产权益没有任何诉求，因此，给予它们上述权利的想法是十分荒谬的。另一方面，动物有自己特有的天性及随天性而来的权益，所以，妨碍动物享有这些权益，就等同于削弱甚至剥夺人的言论自由，那就是非同小可的问题了。主流社会所要完成的事项并不是实现人畜权益的共享，而是呵护初心，不忘常识，那就是，"海阔凭鱼跃，天高任鸟飞"。当出现"鱼沉雁落"的境况时，一定是动物在忍受着某种有口不会说的痛苦。

　　此种新伦理观并不是对传统全盘否定，而是继承传统，推陈出新，召回以牲畜饲牧、家禽饲养来取得动物产品或役畜的生产方式，审视其固有的、不可或缺的对动物天性尊重的一面，深刻思考我们是如何对待同类的：我们向他们索取什么，我们的同类非常在乎。同理，我们要深刻思考我们如何对待动物的：我们向它们索取什么，对它们来说不是小事。对这一人畜共享的利害攸关之事的看重，是我们对待动物的新伦理观的根基。由于传统畜牧业对动物天性的顺应可能不再水到渠成了,人类社会正在寻求将其诉诸于法律。令人瞩目的是,在美国,光在2004年一年里,各州涉及动物福利问题的立法提案不下2100件,现在正在开设动物法课程的法学院有90多所。

"风吹草低见牛羊"描绘的那种水草丰盛、牛羊肥壮的草原全景图,如今看来,就是传统农牧业的理想境地。《旧约·诗篇》之第23篇说,夫食肉之人,愿动物生活体面,免受痛苦、挫折与打击。工业化农业为何对天真的大众刻意隐瞒自己实际操作的真相,其部分原因正出于此。

普通人一般都站在什么立场上看待自己对动物所肩负的伦理义务,对此,哈里森都能看得一清二楚,并基于此,对大众行"提醒"之义务。这是我们把露丝·哈里森视为先知的最后一项理由。如本文开头所言,盖社会要素与要事,唯预言者,大众遗忘,而我独醒,大众忽视,而我明示,绝不任其被无视,且号召大众关注之。就像马丁·路德·金不愧为人权的先知一样,露丝·哈里森不愧为动物伦理的先知。

参考书目

Brambell, F.W.R. 1965.*Report of Technical Committee to Enquire into the Welfare of Animals Kept Under Intensive Husbandry Systems*, Cmnd. 2836. London: HMSO. [布兰贝尔 F.W.R. 1965.技术委员会关于集约化饲养系统中动物福利的调查报告,第2836号.伦敦:英国皇家文书局.]

Farm Animal Welfare Council. 1979. (http://www.defra.gov.uk/fawc/about/five-freedoms, accessed December 2012).[农场动物福利委员会.1979.(http://www.defra.gov.uk/fawc/about/fivefreedoms, 2012—12访问).]

Harrison, R. 1964. *Animal Machines: The New Factory Farming Industry*. London: Vincent Stuart.[哈里森,R.1964.动物机器:新型工厂化农业.伦敦:文森特·斯图尔特.]

Singer, P. 1975.*Animal Liberation: A New Ethics for Our Treatment of Animals*. Jonathan Cape, London.[辛格, P. 1975. 动物解放:我们对待动物的新伦理,伦敦:乔纳森·凯普出版公司.]

纪念露丝·哈里森

戴维·弗雷泽(David Fraser)

加拿大英属哥伦比亚大学(University of British Columbia，Canada)

1970 年代初期,英国爱丁堡大学动物行为学教授戴维·伍德-佳施(David Wood-Gush)主持了一项动物福利的科研项目。他的办公室很狭窄,堆满了各色案卷薄书。对自己的分类排架方式,主人美其名曰为"畜禽废弃物管理之厚褥草系统"。房间刚好容下两个来访者坐下谈话,要是再来一人,就得坐在文件柜背后的一把椅子上,躲在被隔断开的另一半办公区域里。露丝·哈里森对我们的农场动物福利研究非常感兴趣,有一次来访,她一直坐在文件柜后面那把椅子上,和我、还有动物行为学两位教授戴维与伊恩·邓肯(Ian Duncan)一起讨论动物福利问题。过了一段时间后,我的一位农学家同事,对我们在动物福利问题上大做文章似乎有点疑惑不解,便出现在办公室的门口,来查看一下我们的长谈结束没有。

"噢,原来已经把那位贵宾女士打发走了。"我的同事说。

"不,没走,我还在这'区域'里坐着呢。"柜子后面传来了露丝·哈里森的声音。

是的,她真的还在动物福利这个"区域"里坐着呢。讲起农场动物福利史或动物福利学史就不能不盘点露丝·哈里森和她的《动物机器》一书产生的影响(如 Fraser, 2008; Woods, 2012)。《动物机器》于1964 年一经出版,就被英国一家大报连载。它所触发的公众关注度之高是令人吃惊的。据报道,当时,英国政府立刻被颇有公共情怀与社会责任感的公民的吐槽所淹没:大众发现,他们自己竟然是支持对动物制度化虐待的罪魁祸首,因为他们自己一直在食品店、菜市场买菜、买肉蛋,而且他们同时也一直在食用不安全食品,自己毒害自己,却对此全然不知,也全然不做防范! 对于此事激起的公愤,政府方面立刻做出回应,指定由英国动物学家杰出教授 F.W.罗杰斯·布兰贝尔(1901—1970)为主席的一个委员会,来专门对"在集约化畜牧生产系统中动物的福利状态"展开调查。考虑到民众对此问题的不安情绪正在蔓延,该委员会以一种时不我待的紧迫感,努力工作,完成使命(Brambell,1965)。

《动物机器》出版后的第二年,布兰贝尔委员的报告就随之出台了。除了通常可见的一些建议提供与证据复盘之外,该报告中有一篇附录写得相当精彩,作者是身为委员会成员之一的威廉·索普(William Thorpe),一位颇有绅士气质的贵格教徒与和平主义者,并以对鸟鸣声的科学研究而著称。这篇附录其实是很有思想的一篇文章,描述"动物的疼痛感与苦恼感的测定"方法问题。文章概述了兽医学对动物疾病与损伤的研究成果,描述了动物感到苦恼时的生理学征兆和感到疼痛与不适时的行为指征,综述了封闭空间内动物动机受挫研究、动物智力与认知能力研究、动物怕人恐惧感习得能力研究与动物对不同环境的偏好研究(Thorpe, 1965)。该文实际上起到了下半个世纪需要开展的动物福利科学研究的研究计划进度表的作用。在索普文章的影响下,该委员会呼吁,针对动物福利问题,有必要开展一种全新的科学研究,部分为了揭示不同生产方式对动物福利的影响,部分为了通过更好地满足动物的需求与天性来提高畜牧业生产效率。

该委员会对开展动物福利研究工作的呼吁有效开启了一个全新的动物福利科学研究领域。研究结硕果,工作见实效,戴维·伍德—佳施教授领导的爱丁堡大学家禽研究中心动物行为学研究室(the Ethology Section of the Poultry Research Centre)得到扩容,吸纳了伊恩·邓肯、巴里·休斯(Barry Hughes)、迈克尔·金特尔(Michael Gentle)、约翰·塞夫利(John Savoury)、布莱恩·琼斯(Brian Jones)等学术达人加入。他们都对动物福利科学研究做出了重要贡献,并培养出了一代研究生。如今他们都已学有所成,成为该研究领域的领军人物。我是爱丁堡大学农学院聘用的第一位从事农场动物福利研究的科学家,我能被匹配到这一岗位,是与《动物机器》和布兰贝尔委员会的影响分不开的。数年后,研究条件升级换代,爱丁堡大学又组建了一个更大的持续研究团队。而英国其他动物福利研究机构的设立与研究项目的资助无疑也都与这本书和这个委员会的报告所产生的影响密不可分。

露丝·哈里森不仅仅触发了一系列事件,最后促使人们对动物福利展开研究,而且,她一生都对动物福利科学及其改革创新保持着浓厚的兴趣与积极的心态。她是英国颇具影响力的农场动物福利委员会的常务理事,与科学家、农学家与兽医师们携手并肩,共谋大事。除了行使这些官方职责外,她也是一位在动物生产方面具有专业水准的评论家,本人不只一次在现场领略到她这方面的才能与魅力。有一次,我们俩一起赴美参加在马里兰州(Maryland)召开的一个会议。她发现,北美第一个拥有自动牛奶采集系统的实验平台就位于会场所在地附近,开车即可前往,于是,她便安排了一次现场参观这套设备的活动,并热情地邀请我一同前行。还有一次,我当时正在加拿大工作,她从英格兰打来电话,通知我,现在有一种早期机械捕鸡器可替代紧张的手工捕鸡劳动,该产品现正在美国南方展销。她似乎不能理解,我这么一个由政府聘任专攻猪的福利研究的科学家,为何不能放下手头工作,飞到现场去看展会。1987年,她应邀在加拿大蒙特利尔市(Montreal)召开的一个生物伦理学大会上发言,顺道访问了我们在渥太华市(Ottawa)的研究中心。多年来,前来做客的动物福利拥护者不计其数,但是,露丝·哈里森却使我感到,我在与一位专业造诣很深的同事打交道。然而,她对我们的要求却略微震惊:即便是发型新潮的女士,也要先淋浴,然后才能进入高等健康养猪实验场!

在露丝·哈里森之后，又出现过很多批评家，对人们对待动物的方式提出苛刻批评。有些是著书等身的作家，有些更多从伦理学理论中挖掘论据，还有些，其说理方式视角多维、论述全面、论据综合，不为农场动物之一事一物所拘泥。但就哈里森之影响之大，效果之显，非后来之批评家所望其项背也。那么，个中原因是什么呢？

当然，原因是多种多样的：早在1964年，哈里森所提供的信息与提法是令人耳目一新的，她的真情实感是溢于言表的，她所赢得的文化共鸣是强烈而持久的，且所有这些都发生在文学传统深厚的"不列颠之狮"的国度里，其文学至今仍然传达着人们对工业化进程与畜牧业正在演变成工业活动这一说法的严重意见分歧。但是，露丝·哈里森的影响力产生的最重要原因之一是：她所考之事，皆有案可稽，接触与处理动物使用中的现实问题时，尊重规律，讲究科学。

现在比以往任何时候都更迫切地需要露丝·哈里森这样的榜样力量。今天的批评者们常常不断重复一些过时的信息或孤陋寡闻的偏见，就连农民与其他动物使用者也容易对这些陈词滥调不屑一顾，视为认识误区。而动物使用者们早就认清了这些批评者们的愚昧无知，于是避免正面冲突，顺其自然地以灵巧的公共关系机制来进行周旋。在这场口水战中，专业知识硬件齐备者，能够参与改革过程，而不是专事在旁说长话短，疏远一线动物工作从业者，水平达此档次之批评家，可以说是凤毛麟角。

露丝·哈里森持之有故，言之成理，不忘初心，牢记使命，始终如一。从她这些优秀品质中，我们同样能吸收营养，厚植信仰，借鉴方法，砥砺前行。露丝·哈里森的榜样给我本人最大的启示是，作为一个批评家，要先有扎实、丰厚的专业知识，才能建设性地参与变革过程。

参考书目

Brambell, F. W. R. 1965. *Report of Technical Committee to Enquire into the Welfare of Animals Kept Under Intensive Husbandry Systems*. London: HMSO. [布兰

贝尔 F.W.R. 1965.技术委员会关于集约化饲养系统中动物福利的调查报告,伦敦:英国皇家文书局.]

Fraser, D. 2001. The 'New Perception' of animal agriculture: legless cows, featherless chickens, and a need for genuine analysis. *Journal of Animal Science* 79:634 - 641.[弗雷泽,D.2001. 动物农业的"新观念":无腿奶牛,无羽毛鸡,需要真正分析,动物科学杂志 79:634—641.]

Fraser, D. 2008. *Understanding Animal Welfare: The Science in its Cultural Context*. Oxford: Wiley-Blackwell.[弗雷泽,D.2008. 了解动物福利学:文化背景下的科学. 牛津:威利-布莱克威尔出版公司出版.]

Fraser, D. 2012. Animal ethics and food production in the 21st century. In: Kaplan, D. (ed.) *Philosophy of Food. Berkeley*: University of California Press:190 - 213.[弗雷泽, D. 2012. 21 世纪的动物伦理和食品生产。选自卡普兰,D(编),食品哲学. 伯克利:加州大学出版社:190—213.]

Harrison, R.1964. *Animal Machines. The New Factory Farming Industry*. London:Vincent Stuart.[哈里森,R.1964.动物机器.新型工厂化农业.伦敦:文森特·斯图尔特.]

Thorpe, W.H. 1965. The assessment of pain and distress in animals.Appendix III. In: Brambell, F.W.R. 1965. *Report of Technical Committee to Enquire into the Welfare of Animals Kept Under Intensive Husbandry Systems*. London:HMSO.[索普,W. H. 1965,动物的疼痛感与苦恼感的测定.附录 III. 选自布兰贝尔 F.W.R. 1965. 技术委员会关于集约化饲养系统中动物福利的调查报告,伦敦:英国皇家文书局.]

Woods, A. 2012. From cruelty to welfare: the emergence of farm animal welfare in Britain, 1964 - 1971. Endeavour 36: 14 - 22.[伍兹,A. 2012). 从虐待到福利:英国农场动物福利的出现,1964—1971,奋进 36: 14—22.]

露丝·哈里森的后期作品与动物福利工作

唐纳德·M·布鲁姆(Donald M. Broom)
英国剑桥大学(University of Cambridge,UK)

露丝·哈里森在她人生最后 25 年的生活里,我们成为了好朋友。她虽未从事过动物生产,但她对业内从业者承受的压力感同身受。她从未从政,但她懂得如何上书政府,禀报信息,以便被决策者采纳。她不是科学家,但她懂得科学技术之重要,并积极主张把动物福利问题纳入科学研究的范畴。

露丝一直想要再写一本书。受露丝之邀,她的两位美国朋友,玛琳·霍尔沃森(Marlene Halverson)和黛安·霍尔沃森(Diane Halverson)姐妹,将她后期发表的作品和做的公共演讲内容结集出版。这里重点介绍一下《动物机器》出版以后她所发表的作品中所包含的先见之明,超前意识,同时,关注一下她在其他一些动物福利方面的工作,尤其是在欧洲委员会兼职期间的工作。

《动物机器》提出的最重要思想之一是,在某些农场生产系统中,动物已经不再处于它们发挥其正常生物学功能的有效范围之内,动物被迫用它们难以或不可能适应的方式去适应这些环境的改变。伦理学家 W. H. 索普,与露丝·哈里森一样,当时也是布兰贝尔委员会的成员。他对动物需求的解释与露丝·哈里森的观点若合符节。动物的有些需求是共享的,甚至与人共享。还有些需求是种间特异性的,如此一来,猪需要用鼻子拱地来探寻食物,母鸡要下蛋时需要有个窝。如果这些需求得不到满足,就会出现动物福利的恶化状态,最后,人们不得不采取措施调整或治疗动物的行为与心理失常。

露丝·哈里森(Harrison, 1967, 1970, 1980)对索普(Thorpe, 1965)提出的动物需求概念进行了内涵上的进一步拓展。露丝先谈到了水貂的需求,然后论及了让农场动物能够施展自己的走、游、飞的运动能力和视觉(而黑暗中则什么也看不见)等感官能力的必要性,最后提到了动物展示正常行为方式的需求。动物福利科学家们也对动物需求的内涵进行了进一步的深挖,其中有:邓肯与伍德—佳施(Duncan & Wood-Gush, 1971,1972),休斯与邓肯(Hughes & Duncan, 1988),还有托茨与詹森(Toates & Jensen, 1991)。布鲁姆和约翰逊(Broom & Johnson, 1993)将需求定义为动物为获得某种特定资源或对某种特定环境或机体刺激做出反应所需满足的必要条件,是动物基本生物学过程的一部分。在过去25年中,欧洲委员会制订了,同时欧盟和欧洲食品安全局(European Food Safety Authority)的报告中也使用了,针对某一种动物福利状况的考核指标或维护建议,这些再加上其他一些机构所制订或提供的指标或建议,都是以经过科学研究验证了的该种动物的需求列单为抓手的。虽然,其指导方针源自"五大自由",但问题是,"自由"的概念本身也不是没有问题的(Broom, 2003)。因此,更为科学的研究方法就是通过评估证据来重新审视、检定"需求"。露丝·哈里森后期的一些讲话与著述介绍了动物需求方面的科研成果,这些研究的结论均认为,以动物偏好作为动物需求的证据具有一定优势(如,Duncan[1978, 1992], Stolba & Wood-Gush [1989], Dawkins [1983, 1990] and Matthews & Ladewig [1994])。对上述成果的具体述评,请见如下的参考书目:Broom & Fraser (2007), Fraser (2008) & Broom (2011)。

就动物需求来说,露丝·哈里森经常强调要从动物行为观察中获取证据。因为她知道,当时的科研机构与动物生产科研人员常常忽略了这一点。她有时喜欢用"行为需求"这一说法,但道金斯

(Dawkins ,1983)、布鲁姆和约翰逊(Broom & Johnson,1993)三位学者却认为这一说法,从严格意义上讲,不十分正确。他们认为,需求本身是大脑中的一种建构,不应该用"行为的"或"生理的"这样的词语加以修饰。措辞上不太讲究,但科学上却十分精准的描述词语应该是,"展示某种行为的需求",或"通过某种生理改变来满足的需求"。在已为农场动物福利提出保障建议的欧洲委员会理事会(the Council of Europe Committee)与农场动物保护欧洲大会常务委员会(the Standing Committee of the European Convention for the Protection of Animals Kept for Farming Purposes)工作期间,露丝·哈里森与英格瓦·艾克斯波(Ingvar Ekesbo)、安德里亚斯·斯泰格尔(Andreas Steiger),还有我本人,共同支持将建议中所涉动物的生物学属性细节包括在建议之中,我们认为只有这样,建议中所涉动物的"生物学需要"才有据可循。

说起露丝·哈里森对她代表"欧洲动物福利团体"(Eurogroup for Animal Welfare)任职的"欧洲委员理事会"所做出的最大贡献,不得不提到她所检索并阅读的当时最新的有关科学论文。我作为国际应用动物行为学协会[①](International Society for Applied Ethology)的代表,在该委员会兼职做科学顾问一共13年。"国际应用动物行为学协会"是由从事动物行为科学研究的科学家组成的重要学术组织。对于工业化生产实践的辩护者来说,对于专家意见尚可固执己见,甚至强词夺理,但是对于确凿的科学证据却是难于回避、难于驳倒的。关于这一点,露丝从一开始就非常重视。基于此理,对于重要的科研论文,她事必躬亲,仔细研读,对于专家提供的科学证据,她倾耳细听,求知若渴。1969年,她在提交给"皇家健康协会"(the Royal Society of Health)的论文中说,正是对于紧张状态熟视无睹,才导致人们对伤害动物的生产默然接受(Harrison, 1969a)。动物福利科学从1980年代的草创时期,

---

① 该协会为动物福利科学家的主要学术学会。

后来发展壮大成为一个成熟、发达的学科,她对其所给予的支持既强力,又给力。

自动物福利问题的提出与对其关注之初,露丝·哈里森就一直强调说,动物福利也有其积极的一面。在英国《观察家报》(*The Observer*)上的一篇文章中,她写道,我们的农场动物属于复杂的社会动物(Harrison,1969b)。她积极倡导改善动物饲养条件,提高动物福利水准,主张在良好福利环境里饲养动物,而不是使动物变成死不瞑目、怨气聚喉的僵尸或自我恶搞、拙劣戏仿的小丑。在提交给1988年农业发展与咨询服务大会(Agricultural Development and Advisory Service Conference)的一篇论文中,她说,限制改善动物福利工作发展的瓶颈是人们所持的"不求最佳,只避最差"的态度(Harrison,1988)。她评论道,动物福利研究的重点应放在测评积极的动物福利及其所带来的正面效应上,而不应放在如何评估最差福利状况上。目前,该学科发展的总趋势已经调整为朝着这个方向延伸了。

露丝在她的文章中明显对动物福利优化工作进展的缓慢表示不满。她认为,基于自愿接受与义务承担的行为守则收效甚微,远不如诉诸实质法治,出实招,见实效(Harrison,1978)。露丝在她1987年的一期"休谟纪念演讲"(Hume Memorial Lecture)中谈到,政府部门对于"布兰贝尔报告"中提供的诸多动物福利保障建议的执行一直浮皮蹭痒,敷衍了事。在相当多的案例中,并没有采取任何实质性行动,他们的托词是,"证据不足,需要补充调查"(Harrison,1987)。譬如,她说,"五大自由"只不过是总纲,对其过度依赖,会导致政府"暂不采取行动",并要求通过更多科学研究来补充证据(Harrison,1993)。

某些既得利益者会推出一些荒谬的伦理观点。有些农场动物的使用者对导致动物福利状况恶化的生产系统和程序使用不置可否。但是,假如这些动物是他们养的宠物,那么,情况就大不一样了,他们会对这样对待动物提出强烈的抗议。露丝1965年在伦敦特拉法尔加广场上做的一次演讲中说,人们对待动物的态度常常是有选择性的,在一定程度上,会因动物的用途不同而有所区别,而不是依据"动物就是动物"这个事实来加以无区别对待(Harrison,1965)。

然而,露丝是求实务真的人,她深知农场动物生产者们也是"人在业内,身不由己",为生活所迫,也只好随波逐流。在那次特拉法尔加广场演讲中,她说,"在这个实际上所有的动物产品都被过量生产的时代里,我们有足够的时间重新评估生产系统,倡导采用尊重动物生活与尊严的系统,并实现资源重组与整合,帮助动物生产者用好资源"。

对于为动物福利而提高额外成本的反对者来说,一个最常见的论据是,由于世界上还有很多人食不果腹,因此,追求食品产量最大化是理所应当的。在提交给加拿大英属哥伦比亚大学的一篇未发表的论文中,露丝语出惊人,"世界上多数地区的肉食品生产都与吃不上饱饭的人群无关"。

近年来,一些对动物福利恶劣状况知情的消费者们,听说用来生产某种动物产品的农场动物的福利状况如此堪忧,于是拒买这些产品。他们采取的抵制行动是促使近年来农场动物福利重要改善的主要原因。其结果,一是高福利动物产品的包装上打上了自家广告或其广告登上各大媒体。二是零售食品公司设置了动物福利标准。露丝早在1971年就预测到了这一变革趋势(Harrison, 1971),当时她说,"只有通过给产品贴标签,公众才能将自己的偏好告知于众"。农业必将走上可持续发展之路也在露丝·哈里森创建的农场动物保健信托的预期之中,该组织曾经赞助了一次该论题的学术研讨会(Marshall, 1992)。

哈里森的著作影响深远,经久不衰,至今仍是科学家们与对农场动物生活感兴趣的普通读者们广为参考的经典文献。自1972年至今,尤其是在欧洲,若没有她触发的初始刺激与后续巨大的影响,农场动物保护的规则制订与科学原理的归纳工作就不会取得如此之大的进步。一句话,露丝·哈里森在如何对待农业动物使用与动物福利科学研究上,开启民智,塑造新观。本书读者将会铭记露丝早在1964年就历数、尽举动物所面临的诸多挑战与威胁的贡献,铭记她对未来发展的先见之明,铭记、继续她未竟的事业。

参考书目

Broom, D. M. 2003. *The Evolution of Morality and Religion*. Cambridge: Cambridge University Press: 259.[布鲁姆,D.M. 2003. 道德与宗教的进化,剑桥:剑桥大学出版社:259.]

Broom, D. M. 2010. Animal welfare: an aspect of care, sustainability, and food quality required by the public. *Journal of Veterinary Medical Education*. 37: 83 - 88. [布鲁姆,D.M. 2010. 从公众要求的关怀、可持续性和食品质量视角看动物福利,兽医学教育杂志.37: 83—88.]

Broom, D.M. 2011.A history of animal welfare science.*Acta Biotheoretica*. 59:121 - 137.[布鲁姆,D.M.2011.动物福利科学史. 理论生物学学报. 59:121—137.]

Broom, D.M. and Fraser, A.F. 2007.*Domestic Animal Behaviour and Welfare*, 4th edn. Wallingford, UK: CAB International:438.[布鲁姆,D.M.和弗雷泽,A.F. 2007. 家畜的行为和福利(第四版),英国沃林福德:国际应用生物科学中心: 438.]

Broom, D.M. & Johnson, K.G. 1993. (reprinted with corrections, 2000) *Stress and Animal Welfare*. Kluwer, Dordrecht, Netherlands.[布鲁姆,D.M.& 约翰逊,K.G. 1993. (2000校正重印版). 压力和动物福利,荷兰多德雷赫特:克鲁沃出版社.]

Dawkins, M. 1983. Battery hens name their price: consumer demand theory and the measurement of animal needs. *Animal Behaviour*. 31: 1195 - 1205.[道金斯,M.1983. 笼养蛋鸡为自己的鸡蛋标价: 消费者需求理论和动物需求的测量,动物行为学.31: 1195—1205.]

Dawkins, M.S. 1990. From an animal's point of view: motivation, fitness and animal welfare.*Behavioral and Brain Sciences*. 13: 1 - 31.[道金斯,M. 1990. 从动物的角度来看:动机、健康和动物福利,行为和大脑科学.13: 1—31.]

Duncan, I.J.H. 1978. The interpretation of preference tests in animal behaviour. *Applied Animal Ethology*. 4: 197 - 200.[邓肯,I.J.H.1978.对动物行为的偏好测试解释,应用动物行为学. 4: 197—200.]

Duncan, I. J. H. 1992. Measuring preferences and the strength of preferences. *Poultry Science*. 71: 658 - 663.[邓肯,I.J.H. 1992. 测量偏好和偏好的强度,家禽科学.

71：658—663.]

Duncan, I.J.H. & Wood-Gush, D.G.M. (1971) Frustration and aggression in the domestic fowl.*Animal Behaviour*. 19, 500‑504.[邓肯,I.J.H & 伍德·古什,D.G.M. 1971. 家禽受挫与攻击,动物行为学. 19：500—504.]

Duncan, I.J.H. & Wood-Gush, D.G.M. 1972.Thwarting of feeding behaviour in the domestic fowl.*Animal Behaviour*. 20, 444‑451.[邓肯,I.J.H & 伍德·古什,D.G.M. 1972. 对家禽采食行为的阻遏,动物行为学.20：444—451.]

Fraser, D. 2008. *Understanding Animal Welfare：The Science in its Cultural Context*.Chichester：Wiley-Blackwell.[弗雷泽,D.2008. 了解动物福利学:文化背景下的科学。奇切斯特:威利-布莱克威尔出版公司出版.]

Harrison, R.1964. *Animal Machines*.The New Factory Farming Industry. London：Vincent Stuart.[哈里森,R.1964.动物机器.新型工厂化农业.伦敦:文森特·斯图尔特.]

Harrison, R. 1965. (unpublished) Mass rally in Trafalgar Square against factory farming. Reported in *The Observer*, 25 April 1965:4.[哈里森,R.1965.(未发表)特拉法加广场反工厂化农业大集会,观察家报,1965—4—25:4.]

Harrison, R. 1967. What price mink? Unpublished pamphlet.[哈里森,R. 1967.养貂的成本有点大,未出版的小册子.]

Harrison, R. 1969a. Intensive livestock farming and health, Welfare. *Proceedings of Health Congress*, Eastbourne, 28 April to 2 May 1969. London：Royal Society of Health.[哈里森,R. 1969a. 集约化家畜养殖和健康,福利. 卫生大会论文集. 伊斯特本：1969—4—28——5—2. 伦敦：英国皇家健康学会.]

Harrison, R. 1969b. Why animals need freedom to move. *The Observer*, 12 October 1969：7.[哈里森,R. 1969b.为什么动物需要自由移动,观察家报 1969—10—12：7.]

Harrison, R. 1970. Unpublished discussion：Proceedings of Factory Farming Conference.[哈里森,R. 1970. 未发表的讨论：工厂化农业会议论文集.]

Harrison, R. 1978. Intensive livestock systems：where do we draw the line? Unpublished conference proceedings.[哈里森,R. 1978. 集约化养殖系统:我们的底线在哪里? 未出版会议论文集.]

Harrison, R. 1980. Animal production and welfare—practical considerations. *Animal Regulation Studies*. 2：215‑221.[哈里森,R.1980.动物生产和福利——实际的考虑,动物管理研究. 2：215—221.]

Harrison, R. (1987) Farm animal welfare: What, if any, progress? Hume Memorial Lecture, Royal Society of Medicine, 26 November 1987. Universities Federation for Animal Welfare, Potters Bar, Herts, UK.[哈里森,R. 1987.农场动物福利:如果有进展,进展如何? 休谟纪念讲座. 皇家医学学会. 1987—11—26.英国赫特福德郡波特斯巴镇:大学动物福利联合会.]

Harrison, R. 1988. Livestock production methods at a crossroads. Unpublished paper presented at the Agricultural Development and Advisory Service Conference, 6 April 1988, Newport:Harper Adams College.[哈里森,R. 1988.畜牧生产方法仍在徘徊,农业发展与咨询服务会议会议论文(未发表). 1988—4—6. 纽波特市:哈伯亚当斯学院.]

Harrison, R. 1993. Since *Animal Machines.Journal of Agricultural and Environmental Ethics*.6 Suppl. 1:4 - 14.[哈里森,R. 1993.自动物机器以后,农业与环境伦理学杂志.6. 增刊.1:4—14.]

Hughes, B.O. & Duncan, I.J.H. 1988.Behavioural needs: can they be explained in terms of motivational models? *Applied Animal Behaviour Science*. 20:352 - 355.[休斯,B.O.& 邓肯,I.J.H. 1988. 行为需要:能不能用动机模型来解释? 应用动物行为科学.20:352—355.]

Marshall, B.J. (ed.) 1992. *Sustainable Livestock Farming into the 21st Century*. Centre for Agricultural Strategy, Reading:University of Reading. [马歇尔,B.J.(编) 1992. 可持续的家畜养殖业进入 21 世纪,农业战略中心. 雷丁:雷丁大学.]

Matthews, L.R. &Ladewig, J. 1994.Environmental requirements of pigs measured by behavioural demand functions.*Animal Behaviour*. 47:713 - 719.[马修斯,L.R. & 莱德玮格,J.1994,按行为需求功能测定猪的环境需求,动物行为学. 47:713—719.]

Stolba, A. & Wood-Gush, D.G.M. 1989.The behaviour of pigs in a semi-natural environment. *Animal Production*. 48:419 - 425.[斯托巴,A.& 伍德古什,D.G.M. 1989. 半自然环境中猪的行为. 动物生产.48:419—425.]

Thorpe, W.H. 1965.The assessment of pain and distress in animals. Appendix III. In: Brambell, F.W.R. 1965. *Report of Technical Committee to Enquire into the Welfare of Animals Kept Under Intensive Husbandry Systems*. London:HMSO.[索普,W. H. 1965,动物的疼痛感与苦恼感的测定.附录 III. 选自布兰贝尔 F.W.R. 1965. 技术委员会关于集约化饲养系统中动物福利的调查报告,伦敦:英国皇家文书局.]

Toates, F. and Jensen, P. 1991. Ethological and psychological models of motivation: towards a synthesis. In: Meyer, J.A. and Wilson, S. (eds) *Farm Animals to Animats*. Cambridge, Massachusetts: MIT Press: 194 - 205. [托茨,F 和詹森,P. 1991. 动机下的道德和心理模型:走向综合,选自梅耶,J.A.和威尔逊,S.(编)农场动物的动物,马萨诸塞州剑桥:麻省理工学院出版社:194—205.]

序　言

现代世界崇拜速度数量之神和快速轻松获利之神——由这种偶像崇拜取向而生出的罪恶早已充斥这个世界。然而，长期以来，人们对这些罪恶却熟视无睹。甚至那些罪恶的制造者们也求助于某种诡辩术，对他们给社会造成的危害视而不见，做着那些掩耳盗铃、自欺欺人的事。至于普通大众，绝大多数人都安心乐意，无牵无挂，像孩童一样天真无邪地相信，事情总是有人料理的。但是，"谎言止于智者"。终于有一天，具有公共道义担当、学术包容学品和社会批判勇气的公知，告诉大众那些无法回避的事实，"谎言"就此止息，误区就此拨正。

这就是露丝这样一位有公共情怀的人所做的一切。她讲述的主题思想涉及到如何用新方法来饲养注定要成为人们餐桌美食的动物，所以每一位公民都会受到她的思想的影响。她讲述的故事能震撼每位读者的心灵，使他们不再因一切都做得风生水起而沾沾自喜、忘乎所以。

集约型饲养管理的高涨热情已经席卷了整个现代畜牧业。在这股浪潮中，任何与旧时代做法相似的方法都被认为是老旧矬，逐步走向没落，以至于逐渐消失在大众的眼前。昔日农耕文化所带来的自然田园风光早已不复存在：在绿色的草地上，成群的牛羊在悠闲地吃草；小河里有鸭子、鹅在游动；母鸡领着小鸡在院子中觅食……而现在，就在原地，在昔日一片片田野里，盖起了一座座场房。在里面，动物们被禁止越过笼栏，与世隔绝、不见天日、不知蹄爪底下踩的是地球，连个直腰扭腚、伸蹄撂掌的空间都没有，更谈不上享受搜寻、捕捉、处理天然食物的过程了，只能郁郁寡欢，苦此一生。

现代的工厂化农业生产中，人工造作、楛耕伤稼、枯本竭源的做法大行其道，动物的生长发育与成熟，就像流水线上加工的一个个汽车零部件一样，被井然有序却冷漠无情地生产出来。作为专攻生态学的生物学家，我觉得，在这种操作与环境下能产出健康的动物是不可思议的。肉鸡笼子里拥挤不堪，猪舍里猪粪遍地、肮脏恶臭，令人作呕，蛋鸡笼子里母鸡被"终身囚禁"于更小的空间——这些只不过是露丝·哈里森描写的一部分场景。露丝·哈里森说得再清楚不过，这种人工环境并不健康，一旦有疫病爆发很容易席卷全场，甚至"全军覆没"，平时的实际运转全靠连续添加、施用抗生素。之后，病原微生物就会产生抗药性。有些小肉牛的饲养中，生产者故意用药物引发贫血，以使其肉质发白，以满足某些吃货的特殊食欲。这种牛身体虚弱，有时一牵出限制性畜栏便就地倒地暴毙。

可是，紧接着问题就来了。这种条件下生产出来的动物怎么可能成为餐桌上的放心的、大家都能接受的食品呢？露丝·哈里森广征专家意见、援引令人难忘的证据，最后证明，它们根本不安全。产量上去了，质量下来了，这一事实，就连某些生产者本人都开诚布公地承认。而同样是这些生产者，他们自己更愿意在自家后院散养几只可吃到"天然风味食品"的土鸡，供自家宰杀消费，而不愿吃鸡场产出的靠单调混合饲料养大的"洋鸡"肉。这种难以想象的饲养操作要靠添加、使用很多药物、激素和杀虫剂才能运行下去，而这些化学药剂、制剂究竟会给人类消费者带来多大的损害，这个问题长期以来没有得到很好的研究。

反对在当今农业领域里实施集约化生产方式的最后一个论据是人道主义观点。我非常高兴地看到，露丝·哈里森提出这样一个问题：人类站在道德的高地上心安理得地主宰其他物种的生命的日子还能维持多久？人类何以有权将生命降格为几乎算不上活命的苟延残喘？又何以有更进一步的权利来肆意残忍地结束这些本来就凄惨的生命？我要斩钉截铁地回答两个字：没有！我坚信，人类应该接受史怀哲伦理观（Schweitzerian ethic）——即体面地考虑每一个生命，敬畏每一个生命，否则人类可能与同类永无宁日。

　　虽然露丝·哈里森的书中描述的是当时英国普遍存在的状况，但在实施同样生产方式的其他欧洲国家里，此书也值得一读。对其中某些生产方式，美国也进行了一些尝试，自然，那里的人们也应该读一读这本书。但，无论在哪里展卷阅读，此书读者的第一反应必然是沮丧、厌恶和愤怒。我希望，此书能点燃消费者反抗的火花，联合起来，抵制陋俗，最后迫使这一大规模新农业加强自我检点，实现行业自律。

蕾切尔·卡尔森

致　谢

在我研究集约化饲养期间,我访问了全国各地的许多家农场、动物饲养场或养殖场,在那里工作的许许多多农场主与农业生产咨询人员中,许多都是执着于集约化生产方法的主角,他们都给予了我很大的帮助,在此,我对他们表示衷心的感谢。

农业部各个部门的工作人员乐于助人,非常耐心地为我核实事实;土壤协会(Soil Association)、皇家兽医学院(the Royal College of Veterinary Surgeons)、《农夫与养殖者》《农民周刊》(*Farmer's Weekly*)等单位的图书馆或资料室为我提供了友好的帮助;多年来,我一直是《农业》(*Agriculture*)、《家禽世界》(*Poultry World*)以及其他农业期刊固定的、感兴趣的订阅者。从这些期刊的专栏里,我自由地、心存感激地引用了很多内容来支持我的论文写作。然而,在任何情况下,并不意味着这些期刊的所有者和编者赞同本人所引用内容中所含的观点与立场。

感谢格温·巴特(Gwen Barter)给我提供了大量资料。感谢悉尼·詹宁斯(Sydney Jennings)在他已经排得满满当当的生活里仍然抽出时间,耐心阅读初稿,并提出宝贵的建议与意见。他的鼓励是对我莫大的激励。

温斯莱(Westlake)博士、富兰克林·比克内尔(Franklin Bicknell)

博士、弗兰克·沃克斯(Frank Wokes)博士、玛丽·夏普(Mary Sharp)夫人、弗兰克·布莱克(Frank Blackaby)夫人、劳伦斯·伊斯特布鲁克(Laurence Easterbrook)博士和克里斯汀·史蒂文(Christine Stevens)夫人,他们都对本书稿发表了很有帮助的建议与意见。在此一并对他们致以崇高的谢意。

感谢米尔顿(Milton)博士允许我引用他的信函内容,感谢雷切尔·卡尔森和比克内尔博士允许我引用他们的著作内容。同时也要感谢下面单位的出版商和编辑们:哈米什·汉密尔顿出版社(Hamish Hamiton),费伯和法布出版社(Faber and Faber),达文·阿黛尔公司(The Davin-Adair Company),贝勒、媞达和考克斯出版公司(Bailliere Tindall and Cox),美国应用营养学会(The American Academy of Applied Nutrition)、土壤协会和《兽医记录》杂志社(*The Veterinary Reord*)。

最后,我想再次感谢我的家人,感谢他们的宽容,尤其是我的丈夫德克斯(Dex),感谢他不知疲倦、始终如一的帮助。

"那不是青草吗？你们这些傻子，咋不吃呢？该吃的不吃！"

图片由《农夫与养殖者》允许转载

第一章　引言

我准备讨论一种新型农业生产方式，也就是将生产线方法用于动物饲养，被饲养的动物一生生活在暗无天日、久立不动的环境里，也要讨论一代新型人类，他们眼望着他们用这种方法饲养的动物，心里却只想着这些动物转换成人类食品的转换系数有多少。

何谓工厂式农业？

集约化饲养又指什么？

该领域专家之一——"罗维特研究所"（Rowett Research Institute）的普勒斯顿博士给出了一个解释版本：

> 一个动物生产系统要想被称为"集约化的"，其"五大要素"是必不可少的：快周转，高密度，高机械化，低劳动力需求和高产品转换率。"（《农夫与饲养者》，1961 年 12 月 19 日）

换句话说，农场动物正在被赶出农田，昔日古老的、地面青苔丛生的谷仓不见踪影了，原地正在盖起许多笨拙的、工厂厂房类的建筑物。里面塞满了动物，其饲养密度极大，现场动物们个个呆若木鸡，喂食和饮水常常都是自动的。机械化清洗与打扫进一步缩短了饲养员伺候动物的时间，传统农民与他们饲养的畜禽之间那种和谐统一感被斥为浪费人力物力，被贬为感情用事，自作多情。工厂化农场上每一天的生活都是围着利润转的,对动物的评估完全按照它们的饲料与肉食品(市场产品)的转换率。

我参观过一些肉牛场,看到的境况不胜糟糕之至。下面择其一例,描述如下:我们从明亮的阳光下走入漆黑的、没有窗子的牛舍里。饲养员一开灯,眼前立刻出现乱哄哄的一幕,牛舍一侧,一排狭窄的、封闭的、板条箱一样的牛栏里传出一头头牛发出的噪声。当噪声平息一点以后,这位饲养员小心翼翼地拉下了封闭牛栏前面的一块遮板后,眼前出现了一头牛,站立在快要容不下它的狭小牛栏里,睁圆了眼睛瞪视着,脸上流露出痛苦的表情。这头牛只在一天两次喂食的时候才能看到灯光。要不然,就只能在漆黑一片的、狭小幽闭、几乎不能动弹的环境里,日复一日,苟全性命,直到最后被送到屠宰场。

我眼睛久久地、空洞地望着面前这头牛,心里油然升起一连串的问题,欲求答案:外界有多少人知道这种农业生产方法,哪怕是一点点?采用此法究竟有多大的必要? 采用此法有什么样的可能的、还算是说得通的理由? 把如此这般生产出来的肉当终端产品放到餐桌,还有什么吃头了呢? 我最想问的问题是,这种令人难以置信的事竟然发生在20世纪中叶,发生在人类正在探索太空,无数令人震撼、充满奇妙的新天地正在我们面前打开的新时代? 对于向来以文明开化自居、甚至自我标榜为"动物爱心人士之国度"的国人来说,这种事反差极大,令人费解。

多数人,尤其是城里人,虽然基本都是食肉一族,但对于食物从农场到达餐桌的过程常常一无所知,或者说,知其大略,却让自己释然忘却,不寻烦恼。提起畜产品,脑海里呈现的画面仍然是牛羊在大地上、在灌木篱墙间吃草,风景如画的农场庭院里,一头头奶牛在耐心等待挤奶,母鸡觅食归来纷纷回窝,羊群被牧羊犬赶回羊圈。传统农家大院到处都透着一种家庭的温馨气氛。广告界的巨头们深知大众仍然将质量与健康的环境联想到一起,于是,巧借东风,始终故意让上面这些联想画面在他们的广告里保持活力。而阴森森的牛舍里被困在索系平台上的肉牛,呈现出浑身难受的样子;养鸡房里一只只母鸡蜷缩在层架式鸡笼里;肉鸡舍里只见一片鸡的海洋;狭窄囚禁室一样的猪舍地面上,躺着成堆成堆地挤在一起的猪,毫无生气可言。广告商们的推测十分正确,那就是,这些画面肯定对他们产品的销售丝毫没有任何帮助,甚至多此一举帮倒忙。

令人失望的是,人们在工农商联合企业里陷得越深,越是紧盯住效率与物质进步不放,人们就必须要自我降格,放下自己良知完美的身段,或者凭借含糊其辞、模棱两可的思维来获得良心上的安慰。本书中,你将会看到,在工厂化农业生产中,这一切都是怎样发生的。对于一位工业化农场主来说,生命是不值钱的。他经营的动物太多了,每天都要"剔宰"一些动物。"剔宰"就是把不能获利的动物剔出来杀掉。从生产过程前期,其实就已经开始履行淘汰不能"吃苦耐劳"的动物的原则了。按照这一原则,孵化场应该"剔宰"那些出苗比其他明显推迟的小鸡,就因为它们是落伍者,被认为是死亡风险大的"弱苗",尽管它们并没有变形,就因为鸡的产量可以百万计,相比于更大、更贵的家畜来说,属于"低值易耗品"。但是,生命贬值化和标准降格化在原理上并没有什么两样。一旦接受某种生命是廉价的观念,下一代人就会接受更低的标准,结果会一代不如一代,这才是这件事的危险所在。

我们有多大权利来做动物世界的主宰者?我们有权单单是为了拿它们的胴体更快地赚钱而剥夺他们生活中所有的快乐吗?我们有权把动物仅仅当成食物转换机器吗?在何时何地何种情况下我们方能承认我们对待动物的方式是残忍的?

农业部的官员老是津津乐道地跟我们讲,人类饲养动物的目的就是为了获取食物,所以,动物总是要在不同程度上受到人类的剥削。就在不久以前,它们一直是独立的个体,拥有与生俱来的权利去享用着绿色的田野、阳光和新鲜的空气,它们可以自由地去采食、运动、观赏眼前多彩尘世的变换,它们过着的毕竟还算是一种生活。哪怕是遭遇到最糟糕的情况,如缺乏遮风避雨的条件或天然食物供应不足,因而饥寒交迫,但是,动物们还是在死之前享受到了生活的乐趣。今天,这种剥削已经升级到了如此之程度:所有的生活享受被删得一干二净,几乎所有的自然本能被扭曲得支离破碎。代之而起的是极度不适、无聊透顶和保健的实际被剥夺,甚至可以说,达到了死前不让活的地步。

对于工厂式农场主和他所依托的集约化农业界来说,只有在无利可图的时候,他们方才承认自己对待动物是多么的残忍。即便是在依赖大量用药的前提下,只要动物还在继续长膘,农场主就会觉得,不能把他给动物提供的这种治疗说成是某种残忍,尽管动物终生被索系在栏舍里。有关动物的法规往往结构松散,界定模糊,而且完全落后于时代。于是,我们又回头指望公共良知的唤醒,而后者既容易恍然大悟,也容易麻木不仁。不管是出于对这些生产方式的一无所知,还是出于公众的思考缺席,工厂式农业生产,就其一个产业来说,已见成效,且每一年都增添新的花样,都有更多的动物遭受剥削。

兽医们对所有这一切做何想法呢?他们真的有监控这个产业运行的意愿和能力吗?他们集体发过希波克拉底式誓言(Hippocratic oath)①,并恪守誓言,成为所有动物的帮助者了吗?还是,仅仅想成为更多药物的滥用者了呢?

一位兽医在1962年5月6日的《观察家报》发文称:

> 现行的兽医诊疗收费标准已经低得不能再低,每次出诊时,没有哪个兽医有底气敢跟他们的农场主客户叫板,指责人家对动物太残忍。我个人宁愿做一个矫情造作的纯小动物执业医生,也不愿意去农场上行医止损。

现在的工厂化农场主不能像他们的先辈那样,靠家族父子相继来传承一代代积累的动物饲养生产经验。他所依赖的是庞大的后屋男孩智库团队,他们坐在计算机前进行密室研究,来发现哪些动物品种、饲

---

① 立誓拯救人命及遵守医业准绳式的誓言。

料和环境能最快地转换成肉食产品。每一批出栏上市的动物,其实都是一次新实验或部分实验的结局。这种类型的研究与农业学校里按这一模式实施的人才培养,给畜牧业的未来带来不少忧虑。即便有相关产业提供办学支持,农业学校学生的动物生理学知识掌握得充分吗?他们接受的培训达到了宽口径厚基础的程度了吗?

下面这封于 1961 年 12 月 23 日登载在《兽医记录》杂志上,由皇家兽医协会会员(M.R.C.V.S.)D. H. 阿姆斯特朗(D.H.Armstrong)撰写的信,很耐读,很有看点:

> 今年初,米勒(Miller)对英国开设的农业课程中有关动物方面的教学与训练的肤浅性提出了批评。在这种情况下,我们发现农业教育、咨询和研究项目(除了兽医教学与实习)中所有与动物有关的各项活动,都掌控在一个或多个农学类专业技术人员手中。这一现象虽算不上荒唐可笑,但至少也是令人震惊的。

> 最近我们手头就有一个非常典型的例子,来自"山地农业研究组织报告第二版"(The Second Report of the Hill Farming Research Organisation)。由 17 人组成的管理委员会中,只有一个兽医。所列 12 个人组成的动物研究团队中,这位形单影只的动物医学学科代表并没列在名单中。

> 该报告的第十页写到,该组织尚不具备承担动物健康的重要问题的研究能力。我们不禁要问,动物健康研究与动物生产怎么可能是彼此割裂开来的? 看来,个中秘密只有那些非兽医专业的畜牧专家才能道出来。

> 在当今时代,关于科学技术人才专门化培养的价值的话题,人们往往坐议立谈,满屏热议。令人十分不安的是,我们发现,政府部门人员竟然跟一线负责动物生产的人员一样,缺乏专业知识与指导……令人忧虑的还有,我们注意到,公共与农业媒体的动物科学家们、业内动物营养咨询师们、许多学术机构里的畜牧业专家与

研究人员们,他们常常缺乏动物解剖学与生理学的正规训练。人们在动物身上所做的任何严肃认真的工作,都会带来一定的后果,而要想理解好这些后果产生的原因,我们认为,以上两种知识是必不可少的……

在集约化户内饲养条件与环境下饲养的动物,其健康是没有保证的。这一点,任何人都看得出来,更不用说兽医人员了。而动物整体健康状况目前已恶化到整个兽医界都患上了急性焦虑症。现今,人们往往把医生看成神医,对任何愚蠢生活方式所导致的病态,他都能用药物加以纠正。同理,农场主也愿意把兽医视为他们世界的神医,人们蔑视动物所有自然需求所造成的紊乱,兽医都能找到良药加以扭转。即使所用药物引起严重机体生理状况改变,但只要动物胴体还完好,不影响销售,那么,这种类型的农场主对这种副作用也不会太往心里去。

为了保持动物能在它们现在的饲养条件下存活,一般要在饲料里添加抗生素;只要不至于出现低迷状态,则大剂量使用药物;为了加速饲料肉品的转换,生长刺激素、各类激素、镇静剂等药剂都会一起上阵,大显身手。

英格兰旧时的烤牛肉可能来自于一种在牛舍里育肥的肉牛。它们在生长期间要服用雌激素与金霉素;为了确保牛只送往屠宰场的途中表现温顺,还要让它们服用镇静剂;屠宰之前,它们还要被静脉注射抗生素,以保证其肉质不用冷藏也能保鲜,且质地在贮存期也会变得更鲜嫩。但是,所有以上化学药剂都可能残留在肉中。

皇家医学会会员(MRCP)、文学硕士、医学博士、营养学家休·辛克莱(Hugh Sinclair)于1960年第二届公司高管健康大会上曾作如上表述。

激素等化学药剂,其他国家政府已将其当做对消费者可能产生危害的违禁有毒制剂,已明令禁止使用。而我们的政府却不以为然。

正像本书后面所说的那样,人类退行性疾病的发病率一直以惊人的速度上升。我的意思不是说造成这种增长的罪魁祸首完全是工厂化农业生产方式的采用,其致因远非如此简单。但我还是认为,在这些农业生产系统中,由兽药的过量、连续、大面积使用造成的肉食品中兽药残留也是元凶之一。我不禁要问,在用药前,对这些兽药给人造成的危害进行的检测究竟有多彻底? 达到了什么样的程度? 譬如说,抗生素氯霉素正试用做小牛生长刺激剂。实验证明氯霉素促生长作用不如从前的金霉素和土霉素,但我们丝毫看不到就此放弃使用氯霉素的意思。据 1963 年 3 月 17 日《星期日泰晤士报》(*Sunday Times*)报道,临床病理学家协会(The Association of Clinical Pathologists)日前宣布,“本国已共有 27 人直接死于由一种名叫土霉素的抗生素用药诱发的一种血液疾病……该药使用严格控制在其他抗生素均不奏效时致命性感染的治疗”。我也经常想要问,患病动物的胴体有没有可能把疾病直接传染给消费者呢? 例如,白血病与白血性增生是两种相关的血癌,人类白血病发病率的增高有没有可能与据说肉鸡房里经常爆发的白血性增生病有关呢?

人们常常用来聊以自慰的理论是,我国居民膳食营养状况总体水平较高,某些劣质甚至略微有害的食品对一般消费者构不成什么威胁。“留有余地,方得安全”,但是,我们在食品生产方式上,急功近利,不择手段,谈何安全。这一点,多年来,许多远见卓识的科学家一直极力在证实,在向人们展示。

美国化学家联合会(American Institute of Chemists)的研究员里奥纳德·威肯登在他的《我们每天都在吃的毒物》(*Our Daily Poison*)一书中说:

> 我们冒着生命危险却徒劳无功。说我们白白地玩命,并非故作石破天惊之笔。各类毒物,日进星点,但少有人暴毙街头,这一点,实实在在,一点不假。但是,我们许多人病入膏肓,其致病元凶

何在，那每日的一星一点也难辞其咎。

食肉一族现正在自陷风险，急功近利恰是症结所在。

我们似乎在把责任都推给了农场主和饲料加工厂商。他们最为在乎的就是饲料转换率。但是，他们施用的药物给人类消费者最终带来的影响，他们了解多少？举例说，饲料公司按规定，允许在每一吨饲料中添加不超过 100 克抗生素，作为集约化动物饲养的常规添加剂。但是，农场主有可能随心所欲地超量购买并施用抗生素。可是，残留在食品中的痕量毒素，当"少量多餐"，日积月累时，也足可以把消费者送上天堂。

1962 年 9 月这期的《农业》杂志中有文章说，"在美国，87％的农工商企业不在农场上运营"，该期杂志同时也提醒厂家，要积极关注生产—加工—销售链的各个环节。该链条已使得农工商企业成为国内规模最大的产业。在这个产业里，既得利益的力量聚集与失去生计来源的恐慌传染，使得许许多多其心理受到当下农业生产方法极度干扰的人们，只能息声敛气。

目前，整个社会结构已被既得利益拖入烂泥潭，因此，对于任何社会领域里所发生的事欲求真相，几乎成了可望不可求的事。即便在我所从事的窄小的研究领域里，我甚至都能感受到这一点。我遇到过无数次的推诿和扯皮，最后我不得不自己亲自摸索，求得知识，不得不一步步地调查，一点点地发现，一件件地补充细节，最后让散珠成串的事实为公众还原事情的真相，以正视听。我有时真的感到五味杂陈，有些事本来打算睁一只眼闭一只眼就过去了，可偏偏这样的事实又被人为二次歪曲，对此我竟然只有感叹，却无言以对。

"我们只不过在生产公众想要的东西。"

这句简短的引言恰好总结了促使我写作此书的理由。我当初觉得农场动物的饲养越来越依赖现代的生产方法，而这种方法，坦率地说，确实比较残忍。这种感觉吸引我来急切地研究这个课题。随着研究的深入,我越发感到问题的牵涉面很广。动物的地位以骇人听闻的方式一降再降,如今已沦落到一动不动、混吃等死的地步。这种状态必将有伤人类的自尊,最终会反拨到人类彼此对待是向善还是相残。也就是"凡你们对我这些最小兄弟中的一个所做的,就是对我做的"这句《圣经》中的圣言所表述的情况。有人觉得,如果只涉及到动物,那么先催良知入睡,不失为触手可及之良策。但是,我们的议题不只是拷问良知之问题,而是远脱良知之藩篱,直逼人类的衣食住行,关乎是否构成对人类生存福利的侵权问题。我们知道,用这种手段生产的食品何止只是垃圾不垃圾的问题,而是直接威胁人类健康的问题。

第二章　肉鸡

在过去的 20 年里,特别是自从 1955 年以来,养禽业、禽养殖业、禽养殖工业、养禽产业等,不管它一路走来出现了多少新的称谓,其发展速度是极为惊人的。与当初相比,今天的养禽业早已"面目全非"。战前,家小业小。战后,受限于饲料配额供给,养殖规模也很有限。而取消饲料配额以后,养殖存栏数随之大增,蛋禽和"餐桌禽"(肉禽),两业齐头并进,规模可观。蛋鸡养殖业像滚雪球一样越做越大。1954 年肉鸡存栏数为 2000 万只,1957 年为 5600 万只,1959 年为 1.08 亿只,1960 年为 1.42 亿只。据业内人士估测,到 1965 年,每年肉鸡出栏量有望达到 2 亿只。这些规模化养鸡产业现在基本取代了"散兵游勇"的农家阉鸡养殖。阉鸡养殖这一老行当现在几近销声匿迹。

据来美访问的英国杜伦大学经济学系的 W.G.R.威克斯先生报道,美国本年度肉鸡产量有望突破 20 亿大关,而且,鸡舍还在扩建,存栏量还在增长(《农夫与养殖者》[*Farmer and Stockbreeder*],1961 年 5 月 16 日)。美国大型肉鸡场正期待我们英国政府取消对美国进口肉鸡的禁令,这样他们好用"肉鸡把我们埋起来"。佐治亚州的一个组织宣称,他们去年生产加工的 5500 多万只肉鸡的平均鸡粮转化率已达到了 2.35。光凭借这一项估测，美国养禽业就足以养活全体西德人、瑞士人、香港人，还有我们全体英国人，同时还能有足够的剩余，让每个美国人一掀开锅都可看到有一只蒸鸡。①

10亿，在美国英语里，向来都指一千个百万，而不是指古英语里的"万亿"。但是，即便这样，也不是个小数字啊，那意味着那么多只鸡呢。

母鸡、家鸡、阉鸡、家禽，现在又来了一个，"broiler"（"烤焙锅"，指肉鸡）！人们竟然借用了这么一个难听的陶器工艺术语来指代集约化养殖出来还没长大就会被屠宰烹熟端上餐桌的肉鸡。我推想，这个词一定来源于"broil"（烧烤），意思是"在篝火上烤（肉）"。长期以来，人们常常把这个词与另外一个词"boiler"（煮锅，指老肉鸡）弄混，后一词尤其指过了产蛋期、用于炖汤大补的老母鸡。

而在战前时代，农民自己采集制作畜禽饲料。养殖家禽，多数不以盈利为目的，而是用于自家消费，且吃多少养多少。剩下的则被驱赶到或抓起、抱到附近定期或固定的集市上售卖。而当今的养禽业已经进入声势浩大的规模化进程，产业各部门、各环节之间的链条环环相扣，任何一个农户单打独斗而不结盟产业链中所有玩家，则寸步难行。譬如说，孵化场都有自己的种蛋培育部门，良种收集入场后，经过种蛋孵后出雏、出苗，然后，将仅有几日龄的鸡苗出售给与其签订了供销合同的养鸡场。在养鸡场转群、舍饲育成9.5周后，卖给禽加工厂。后者再将其扁平分销至大零售商，主要是超市。这样，出于经济合作或服务合作的方便，就形成各种企业联合体，实现资源整合共享，互利共赢。孵化—育成—加工联合体，或育苗—饲养—加工联合体，或超市—加工—饲养联合体，组合各异，原理相同：该产业必须实现庞大的金融合作，才能共担风险，共渡难关，共谋发展。1962年8月30日的《农业快报》（*Farming Express*）报道了一个"接力跑"案例，清楚明了地展示了这

---

① 1928年赫伯特·克拉克·胡佛（Herbert Clark Hoover）竞选美国总统时的政纲之一："保证美国人家家锅里有一只鸡。"

种金融合作的复杂运行模式：

> 重磅来袭：最近又以 220 万英镑的价格收购了费尔贝恩—查
> 昂吉公司（Fairbairn-Chunky）后，罗斯集团（Ross Group）现已成
> 为欧洲最大鸡商。该集团先前曾在 16 个月之间花掉 600 多万英
> 镑将 16 家已形成规模的养鸡场全部买下。

> ……罗斯集团养鸡业务年营业额介于 1500 万到 2000 万之
> 间，每周出苗量达 200 万只。英国鸡蛋的总消费量中的 25% 都是
> 罗斯集团的下蛋母鸡贡献的。

> 该集团旗下有多家加工厂，每周共加工 50 万只肉鸡。

> 罗斯先生说："此番收购费尔贝恩-查昂吉公司，有助于罗斯集
> 团精准进行家禽产业转型。"

> "避免研发、育苗和分销方面的重复建设可以给家庭主妇送
> '便利'：鸡蛋降价，鸡肉跌价。"

> 此次对费尔贝恩-查昂吉的收购，就将原费尔贝恩-查昂吉公
> 司在坎伯兰郡（Cumberland）和苏格兰的养殖场同时与原斯特林
> 禽产品公司（Sterling Poultry Products）的养殖场对接，而后者早
> 在去年就以 370 万英镑的价格被罗斯集团收购了。

> 今年二月份，斯特林公司又收购了已有 50 年历史的家族养禽
> 企业伊辛沃尔德镇的斯平克斯公司（Spinks of Easingwold），使得
> 斯特林公司又增添了四家饲养场与研发场。

> 而查昂吉小鸡公司（Chunky Chicks）与卡莱尔市（Carlisle）的费
> 尔贝恩公司（Fairbairn）的合并也只不过是去年二月的事。查昂吉小
> 鸡公司与美国两家大企业有国际产业链关联，它们分别是美国西雅
> 图市（Seattle）的海斯多尔夫＆尼尔逊公司（Heisdorf and Nelson）和
> 缅因州（Maine）的尼科尔斯公司（Nichols Inc.），除美国之外，还有德
> 国库萨文市（Cuxhaven）的罗曼公司（Lohmann and Co.）。

1962 年 8 月 24 日的英国《金融时报》（*Financial Times*）对这次合

并做了如下报道：

> 昨天，罗斯与费尔贝恩宣布合并，完成了英国肉鸡业发展史上的第二次革命。第一次革命发生在 1953 至 1961—1962 年这段"金色岁月"里，当时，大型加工业迅速崛起……即食鸡肉的销售量从零开始一跃飞升到每年 1 亿只。新的集团公司是首家经人为打造成为整合了从孵化到品牌包装全部流程的巨无霸企业，现已主宰了养禽产业。

1962 年 2 月 16 日的《贝德福德郡时报与标准》(*Bedfordshire Times and Standard*)开始发声，提醒人们注意过度整合化可能带来的不良效应：

> 此种趋势正在英国蔓延。如果令其无度泛滥下去，用不了几年工夫，整个肉鸡生产业就会完全落入几个寡头的掌控之中。他们将要实现比现在更大的国际规模化运营。

> 人们已经发现，在劳动力成本低的国家里，肉鸡的生产成本也低。在国际规模化背景下，这一发现很快就会被巧用。而我们自己的肉鸡养殖业只剩下一件事要做：整整齐齐去自杀。

"我们并没有虐待它们。"一位很讨喜、很能干的小伙子说，"它们住的地方，风吹不着，雨淋不着，想吃啥就吃啥。简直就是一个吃喝玩乐都包的会所。"简直就是一个吃喝玩乐都包的会所？我们是不是需要再仔细分析一下这句令人感动的比喻是不是贴切呢？

孵化场的种蛋是从种鸡下的蛋里采集而来的。种鸡或散放，到处乱窜，任意啄食，或呆在深深的、小小的鸡舍里。因为鸡苗注定要被送进养殖场里层架式鸡笼育肥，因此，为确保所出鸡苗健康状态超好，现在很少有人使用层架式鸡笼饲养种鸡母鸡。为达此目的，孵化场首先要"去弱留壮"，销毁出壳后才几日龄的小型雏、变形雏、弱雏、赖雏等坏雏。在进雏阶段，只有 100％健康的强雏方可进入高密度饲养场的育肥、育成车间。孵化场卖给育成场每 1 万只鸡雏，额外送 200 只作为补苗,即死苗的主动预期实物替换性补偿。2%—6%死雏率仍属正常范围。若高出 6%,则应启动疫病预警。

在几日龄雏鸡的接雏入场阶段,每次放雏入舍 8000 到 1 万只,有时超过 1 万只。雏舍没有窗子,只在屋顶的屋脊处,整齐致密地打了一排小口,每个口里都嵌有一个排风扇。侧墙上也开有一字排开的通风孔。在大型养殖场里,一排排雏舍,像一路路整齐排列的纵队。每一路的一端都有一个超大号鸡粮储存斗,像哨兵站岗一样。整个阵列看上去像一家怪怪的工厂,在遥远的大地上,无缘无故地突然冒出、生长,显得与周围环境十分不协调。

当鸡养殖业刚刚兴起的时候,常不过把谷仓改建一下,或在农场庭院里下屋耳房的边角旮旯,临时找个地方做这种新品商业畜禽"肉鸡"的鸡舍。鸡舍有窗,自然通风与采光条件也好。但就是空间有限,养不了多少只鸡。不用说,用这样低效的方式养鸡,自然坚持不了多长时间。于是养殖户就专门定制更好的鸡舍。靠通风设备的人工通风取代了靠开窗、开通风口的自然通透式的通风。鸡的养殖量也增加了。但是,鸡多成堆后,鸡群就会爆发"战争",会造成严重伤亡后果,于是就堵死窗户,这样鸡在黑暗中看不见眼前的东西就打不起来。就这样,技术在不断革新,直到最后鸡房变成了现在这样,一切都达到了世界一流的完美控制、自动完成的状态。

钻进鸡舍里,眼前出现这样的一幕:一条长长的、宽宽的、"隧道"一样的鸡舍内部,黑洞洞地通向远方。四望之下,目光所及之处,到处都是鸡,根本看不到地面。"隧道"有两道灯光,分别位于两侧。横梁上吊着一只只料斗,供水管时时刻刻保持着供水。场内四周环境还要定期喷洒杀虫剂,使鸡免受害虫侵扰。头两周里,需要把雏鸡放在育雏器中保温育雏,24 小时不间断强光照明,并保持 90℉的恒温,也就是母鸡抱窝所能达到的温度。这样,它们得到的激励就是猛吃猛长。两周后,灯光切换成了琥珀色,每隔 2 小时开灯一次,每次照明 2 小时。雏鸡就会跟着照明的节奏,睡之前吃,吃完后睡,睡醒后又吃,吃了再睡……到 6

周龄时,雏鸡体型变大,开始感受到拥挤的压力,同时,照明过多又意味着战斗也就过多。这时,灯具也降为 25w 红光照鸡灯,开灯时间与灭灯时间同样以 2 小时为一段,24 小时交替进行。红光给人一种虚拟黑暗感,也容易造成眼睛疲劳。慢慢地鸡开始感觉到自己深陷鸡海之中,只不过由一排排的料斗均匀地隔断开。料斗是离地安装的,以便给鸡腾出空间。我们一行人进来时引起门口附近的鸡群一阵莫名、短暂的骚动,它们纷纷往里面挤去,不过,很快又平息下去了,恢复了往常的平静。就这样,育成鸡在这种暗无天日的环境里几乎一动不动地还要度过它们短暂一生的最后四周,它们几乎唯一的生理功能就是育肥增重,并达到高峰值。

地面平养的雏鸡生活在叫做厚垫草的厚厚的一层刨花子上。垫草常受鸡粪污染,因此要定期更换,以保持干燥。排风扇确实有助于抽走鸡粪里散发出的氨气的气味,但是鸡舍空气里还是会残留很浓烈的臭气。气温高不利于除臭。在外面一直呼吸着新鲜空气的人乍一走进鸡舍时,难闻的气味令人难以忍受。

关于养鸡房维修管理方面的问题,已涌现出大量文献。可想而知,问题绝不简单。譬如说,农业部出了一本小册子,名叫《肉鸡房舍》(*The Broiler House*)。其中就电线铺设问题,提出了以下事项,以引起人们的注意:

> 鸡舍内空气潮湿,满是灰尘,氨气浓度高。除非合理布线,规范使用电料配件,否则很容易造成电击穿事故。整个布线要使用防尘防潮电料。移动式设备(如育雏器)上面的引线要套上户外建筑工地常用的那种胶管保护套。所有仪器设备都要做接地保护处理,这一点非常重要。必须找有资质的电工来测试电路并确认接地系统是否切实有效地起到了保护作用。由于鸡舍内空气条件特殊,因此,预先要做好电气安装工程施工规划,安装稳妥后,每年都要请有资质的电工做至少一次全面的安全检测。应

安装关闭后整个鸡舍电路断电的总开关,其安装位置与高度要方便站在鸡舍入口处的人员手动拉闸断电、合闸送电。鸡舍用电,应有制度化的把关流程,不能出现常见的任由程序或个人"即兴发挥"的现象。

在塞得满满登登的鸡舍里,采取切实有效的措施,确保不出现电击穿现象是十分重要的,因为维修电工们在鸡舍里操作会对鸡雏危害很大。1960 年 6 月 4 日《新闻纪事报》(*News Chronicle*)曾做过如下报道:

> 最近,有家养鸡场叫来一位电工来鸡房干一个电工小活。脚一迈进鸡房,师傅便恶心得要吐。而且不脚踩小鸡,就到不了现场。可是,老板却说,"没事的,尽管踩"。

鸡房都有精心控制的供暖系统,多数是地暖。但是,跟所有高密饲养车间一样,只能单向制热升温,加温到一定度数后,要想制冷降温,成本极高。其结果是,鸡雏只能忍受高温热浪的煎熬。幸运的是,在英伦三岛,没有什么要命的热天,此种灾难成不了气候。

育成鸡饮用的是纵贯鸡舍的供水管里放出的水,喂的是"可口"的复合预混日粮。"可口"不是笔误,该词属业内行话,与"鸡粮转化率"等类似说法匹配。意思是说,鸡只可以尽情吃喝。鸡粮是大批量购入的,先储存在鸡舍外的大号储粮罐里,然后再分流到舍内悬挂式小鸡粮斗里,分流过程多数情况下是自动完成的。

这就是从美利坚舶来的落户英伦的禽养殖业的现实生态。"解铃还得系铃人",输入国现在仍然要期待输出国来指点江山,解惑答疑。该行业行当齐全,编制丰满,是"给自己人找个好差事"的好地方。英格兰艾塞克斯郡(Essex)的养禽户鲁滨逊(Robinson)先生在牛津郡(Oxfordshire)召开的一次行业大会上作如是说(《农夫与饲养者》,1961 年 8 月 8 日)。

> 今天工作在养禽业的各个部门里的许多专家,就在一年半到

两年前,其业务工作性质与该行业都没有半毛钱关系。现在,这些工作人员已经羽毛丰满,鸟枪换炮,术业专攻,成为大公司所称的高管、咨询官、现场专员、鸡场督察、孵化场经理或分装厂经理等专业技术岗与管理岗人员。另外,养殖业大亨本人,还有他们注册的与大众一起承担金融风险的上市公司,这里还没算进去呢。

整个生产流程的每一环节都是由一个庞大的、甘于奉献的固定研究团队在幕后研判操控的,其中包括实验室里和实验农场上许多不同专业的"后台智库男孩们"。他们全力以赴地朝着三合一的目标奋进:肉禽体重最大化,成本最小化,周期最短化。1962 年的《植物报告》(*Plant Report*)中有关禽类害虫的部分(The Plant Report on fowl pest)介绍了这项工程的整个完成过程:

> 肉鸡养殖生产所需优质鸡群需准备优质鸡苗,其杂交所需母鸡要求产蛋率高,以便降低鸡苗成本,而公鸡需提供其他优良性状,尤其是增重快,胴体出肉率高。

没过几天,随着场方进鸡员兴致勃勃地大批量选鸡、进鸡,肉鸡短暂的一生便就此开始了。对此,1961 年 4 月 6 日的《每日邮报》(*Daily Mail*)报道可谓字少意多:

养鸡出栏快,吃饭好"埋单"

昨天,美国养鸡大佬亨利·塞里欧(Henry Saglio)先生向英国消费者承诺低价,他在康涅狄格州(Connecticut)开办的农场控制了全球肉鸡产量的 70%。

他日前在伦敦宣布,他们为迎合约翰牛的口味,量身定制培育出了一种白皮白腿的新鸡种,9 周龄时即可增重至 3.5 磅,比现行品种整整提前了 1 周。

饲养周期缩短一项,每只鸡可为养殖户节约成本 4 便士(旧制);鸡粮转换率提高一项,每只鸡又可节约 3 便士(旧制)。两项降价因素相加,势必会使养殖场以低一些的价格将肉鸡投放市场。

没有幕后的研究支撑,肉鸡养殖业就不会取得今天的销售额上的突破。养殖、饲料转化率、生长添加剂、禽药、环境、照明方式,所有这些都在其中发挥着作用,并且是无数次实验和测试的对象。1962年8月2日的《家禽世界》是这样描写一家实验站的:

> 测试项设置的可能性是无限的。但是,测试的形式一般来说有四大类。它们是:(1)鸡料测试,(2)品种测试,(3)药品,(4)管理。每一大项下面的可能测试项目举例如下:
>
> 测试项目可以是:
>
> 1.(a)某一种鸡料与另一种或几种鸡料的对比测试。
>
> (b)最佳切换鸡料品牌间隔时间测试。
>
> (c)鸡料类型测试——糊状/颗粒状。
>
> 2.(a)肉鸡类型彼此对比测试。
>
> (b)品系彼此对比测试。
>
> (c)雏公鸡与雏母鸡相对生产性能测试。
>
> 3.(a)抗球虫药对比测试。
>
> (b)抗生素或其他促生长添加剂彼此对比测试。
>
> 4.(a)最佳养殖密度测试。
>
> (b)新旧褥草效应测试。
>
> (c)去喙测试。
>
> (d)最佳光照强度测试。

1961年9月28日《农业快报》(Farming Express)上登载了在艾塞克斯郡的几家农场实施的一项肉鸡养殖实验项目的进展情况。

> 远在美国的计算机提供了成千上万个数据发现,研究人员在这些数据发现的指导下开展实验工作。实验结果显示,雏鸡通过商业养殖运作,在63天内个体肥育到了活重3.5磅,鸡料转化率达到了2.3……每年给7万只雏鸡拴上了标识翅签。每只雏鸡的

绩效表现,其亲代与祖代等个体信息均记录在案,做成表格。以上数据最终都要发送到美国进行计算机统计与分析。最后反馈回来的是足有 1 英寸厚的一叠纸。上面载满了处理过的数据,内含分析结果与养殖整改建议。养殖场负责人就是根据这些建议与数据,为该实验项目的下一阶段选鸡。选择下一代种鸡时,所遵循的选择程序更加严酷。

北苏格兰大学经济学家 J.克拉克(J. Clark)先生,对肉鸡养殖的经济学原理发表了如下看法:

> 概览整个养鸡业,占据画面中心位置的明显是鸡粮,尽管其他因素也不可小视。饲料转化率稍有波动,养殖户的钱包都会随之鼓起来或瘪下去。一年四栏的万只鸡房的料转率每改变 0.1%,就意味着增加或减少 200 英镑的利润。
>
> ……据 1961 年 12 月 12 日《家禽世界》的报道,现场实地损失统计显示,每只雏鸡每周掉料损失半盎司即可造成 0.1% 的料转率改变。

每顿鸡料一般添加 10 毫克青霉素作为促生长剂。出现疑似病例时,加量添加。

许多饲养员都给雏鸡断喙,以防其后期形成啄羽、啄肛、打架、异食等喙癖。第 157 页图 7 展示了切除小鸡上颌骨的情景。早就有人建议,把鸡上下颌骨一起切除,不失为一个更为合理的做法。这样,鸡既没办法伤及邻里,同时又能啄食粒状鸡粮。但是,喝水怎么办却没说。日本人也想出了一个有点搞笑的新点子:给鸡戴上眼镜!镜片染上红色以后,就可以以毒攻毒,小鸡就不会去啄同伴的小红鸡冠了。而英国这边,鸡场环境照明主调就是昏红色的,因此,就用鸡眼罩取代了眼镜,也是拴在喙上,防止其东张西望,争强好斗。

啄羽癖是养鸡业的一大"恶疾"。多少人多少次跟我讲,鸡是很凶猛的动物,遗传上极具攻击倾向。德国西唯森马克斯-普朗克研究所(Max-Planck-Institut)的著名博物学家康拉德·洛伦兹(Konrad

Lorenz)博士给我们解释了农家院里的动物法则：

> 动物和动物之间也彼此认脸与交流吗？当然，它们确实彼此认识，尽管这一观点遭到许多造诣很深的动物心理学家的严重质疑甚至断然否定……动物群中存在社会等级地位、统制等级地位，也就是动物心理学家所说的"啄食顺序"，这一事实无可争辩地印证了动物与动物之间能够认识、辨别彼此。每一个养殖人员都知道，鸡场大院里哪怕是蠢一点的居住群体内，也存在一种特权和服从的有序分布，处于等级下层的鸡只惧怕处于上层的鸡。经过几个回合的"横眉冷对，怒发冲冠"，虽未大打出手，但每只鸡心里都清楚自己必须怕谁，谁必须怕它。啄序的建立与维持不仅取决于个体鸡谁的"胳膊更粗力气更大"，也取决于谁勇气更大，精力更充沛，自信心更强，底气更足。动物的等级秩序是稳固而保守的。两个整天在一起的动物，其中一个已经败下阵来，不管那场争斗中它表现得多么正义，见到打胜它的王者过来，它都不敢挡道，都要赶紧让路……（《所罗门王的指环》[King Solomon's Ring]）

这就是农家院子里散养鸡群内的等级秩序。散养养殖户很少跟我提过，他们的鸡有什么调节不了的矛盾，一起纠纷，一眼即可看到，很快就能平息。霸凌事件能得到及时抑制与解决。只要生物种群中存在等级秩序，就会有恃强凌弱的现象出现，人类社会也不例外。

这些"恶癖"主要是高密度饲养下的"专利"，不是鸡与生俱来的。

1962年2月1日那期《农业快报》对养殖者们提出了警告，现引述如下：

> 啄癖、异食癖、恶食癖、互啄癖等鸡恶癖，在密集饲养条件下发病率极高，可导致企业生产率下降，利润下滑。小鸡、中鸡、大鸡都容易感到闲极无聊。如果发现同伴的羽翼上有什么吸睛养眼之点、奇葩逸丽之处或瑰宝殊怪之物，就会开始下手，极尽叨啄之能事……

尽管百无聊赖乃鸡恶癖之诱因，拥挤、不通风、室温过高也是附带原因。有些专家认为，饲料配置不当造成营养失调也可引爆同类相食癖的"定时炸弹"。

对此，1962 年 1 月 6 日的《小农户》(*The Smallholder*)是这样说的：

近年来，鸡恶癖已经达到了难以对付的程度。其中，生产技术的革新与下蛋鸡饲养法对餐桌肉鸡密集饲养法的盲目跟风都难辞其咎。

啄羽癖本身无关紧要，但必须时时牢记在心的是，该癖往往是互食癖的先兆，因此，应视其为高危癖。

一旦出现苗头，则应立刻寻找原因采取措施。一般来说，是由管理上的失误引起的。要及时纠错补正，以防习以成性。否则，互食癖一旦泛滥，局面则一发不可收拾。

引鸡恶癖多发，因素很多，其中与不良饲养管理有关的包括：鸡无以自遣，过度拥挤，通风不良，鸡窝低矮，且大敞四开，出羽不良，啄食空间狭小，鸡粮失衡，供水不足，害虫滋生侵扰……

如果能做到以下三项——鸡舍面积充足，正确饲喂，适时监控，鸡群则很少出现啄羽、互食等恶癖。

对于养殖场方来说，啄羽、互食等殊怪之癖，不过是一地鸡毛。疫病浩荡来袭才是大难临头之事。1962 年 7 月 26 日这天发布的《家禽世界》(*Poultry World*)报道了联合肉鸡饲养有限公司(Associated Broiler Breeders Ltd.)兽医部主任 K. M. 史密斯(K. M. Smith)夫人所做的一个报告。史密斯夫人又一次强调了科学、合理的肉鸡饲养管理的重要性。她指出，饲养恶况出现之时，诚乃或行满功圆、或功亏一篑之一触即发之刻。

史密斯夫人特别指出，为了实现生产目标，养殖者不得不提高养殖密度，不得不用机械喂食器饲喂固定配比、鸡不得不吃的鸡料，但是，除非管理达到一流水平，否则这些因素确实能构成威胁动物健康的应激源。

她继续指出，自养鸡行业化肇始，新鸡病名不断涌现，但是这些病的肇事病原物却与多年前致害家禽的病原物没什么大的不同。

她还讲到，研究结果显示，不管应激源属于哪种性质，恶劣的饲养环境都会导致动物体内一连串的应激反应。若此种恶性应激源与应激反应一直持续互动下去，动物就会表现出某种疾病的临床症状。

饲养密度过高本身就是一种应激源。同时，喂食给动物的富密型饲料已达到动物消化道吸收的极限量，这也是一种应激源。

在这种环境下从业的养殖业者，就仿佛是在悬崖上空走钢丝的表演者，除非管理上步步精心，科学精准，达到一流水平，否则立马就会摔入万丈深渊。反之，如果管理水平真的跟上去了，还确实能成功走到对岸另一悬崖顶端，做到小有收获。

在所有应激源引发疾病案例中，最为突出的一个就是呼吸系统疾病的发生。而在这一应激源与应激反应的致病过程中，最为重要的因素就是是否能够正确使用通风设施。

史密斯夫人介绍说，大肠杆菌败血症的病原菌——大肠杆菌——本来是动物体内正常肠道菌群的组成部分，但是，某些特殊血清型的大肠杆菌对人和动物都有病原性，尤其是在动物处于应激状态时。

史密斯夫人继续说："请听好，我们正在尽最大力气把鸡粮灌注到鸡的肚子里头。除非供水充足，管理一流，否则，鸡很难将有毒废物从鸡料中排出去或清洗出去。"

由于环境拥挤，任何一种疾病都可能迅速席卷全场，造成"全军覆没"。一位养殖者这样说道，"孵化场按2%的比例送给我们雏鸡，作为补苗以抵消死雏率"。我们往门口一看,一大堆死雏真的都堆在那里。他接下去又说,"它们多数得了呼吸系统疾病和恶性肿瘤。但是,现在出栏送加工厂还太小,承受不了这么严重的病,现在送厂就更说不过去。"现在,饲养员给它们的鸡料里添加了一些抗生素,剂量不大,用来抑制病情的发展。

"家禽病害"一词最能戳中养殖者的心,也堪称他们生活中最怕之事。疫病一旦爆发,会迅速横扫整个密养鸡房,接踵而来的就是彻底销毁地处疫点内所有养殖场的所有家禽。鸡遭扑杀的疫点内养殖场会得到政府补偿。至于补偿款,需要纳税人自掏腰包。

二战以前,仅发生过两次禽病即新城疫大爆发。该病在位于英格兰东北部的纽卡斯尔(曾译为"新城")附近第一次爆发,新城疫之名,由是而得。那年是 1926 年,当时疫情蔓延至 11 个国家。染病鸡全部暴毙,无一幸免。第二次爆发发生在 1933 年,疫点是位于英格兰东南部赫特福德郡(Hertfordshire)的一家农场。农场主扑杀销毁了全部病禽,最后扑灭了疫情。只是在二战结束以后,该病疫情才处于失控状态,当时的饲料限额配给制度的取消给家禽密养带来了契机,继而助长了疫情的蔓延。祸出密养的观点很快见之于报端。C. W. 斯科特(C. W. Scott)在 1962 年 7 月 30 日的《每日电讯报》(*Daily Telegraph*)上这样写道:

> ……都是大型家禽密集养殖基地闯下的祸,才使我们沦落到今天无能为力的地步。
>
> 密集型养殖对家禽病害有两大影响。
>
> 第一个影响是,一旦疫情爆发,每次都会根株牵连,殃及无数,大量疫点家禽都要被扑杀、销毁。第二大影响就是,疫病传播与蔓延的途径难于切断,风险被大大抬高。
>
> 家禽病毒很容易形成风媒传播,一旦有疫病爆发,现代化的密集型鸡房就成了病毒制造厂,因为每次疫病发生时,导入的机械通

风系统就会将病毒强力排放到乡村四野。

此种观点也得到了一位农业部发言人的支持：

> 肉鸡养殖基地已成为传播疫病的最大单一风险源……太多的鸡限制在狭小空间里，而排风扇即可将病毒从鸡房抽到外面的空气里，然后病毒随风飘移到周围乡野，给附近的家禽造成极大的威胁。[①]

1954—1955 年，总存栏数，母鸡为 5200 万只，肉鸡为 2000 万只。这些鸡群共遭遇 550 次疫病袭击。扑灭疫情期间，共扑杀患鸡 7000只，同时扑杀的还有健康无症状但接触过传染源的易感鸡 3.28 万只。1960—1961 年，总存栏数，母鸡为 6300 万只，肉鸡为 1.42 亿只。共扑杀病鸡 5.7 万只，健康接触母鸡 193.7 万只，健康接触肉鸡 301.3 万只。这就意味着，补偿款从 1954—1955 年的 36.4 万英镑大幅跃升至1960—1961 年的 339.1 万英镑。补偿款只覆盖扑杀的未感染发病的家禽。因此，养殖户报告疫情越早，疫情蔓延的机会就越少，他自身的经济损失就越小。因为尽管他的全部存栏鸡被扑杀，但是他可以收回补偿未染病鸡损失的款项，而未染病鸡的数量占扑杀总数的 99%。到了1961—1962 年，疫情严重失控，光头半年的疫病补偿款就高达 530 万英镑，全要由纳税人来买单。

英格兰东部诺福克郡(Norfolk)是补偿金领取最多的地区之一，那里的一位养殖户向《每日电讯报》记者爆出了这次疫情急剧上升背后的惊人黑幕：

> 同一些农场竟然反复发生疫情，而奇怪的是，扑杀禽数竟然又一次比一次大。有些农户灵机一动，计上心来，拿疫情发意外偏财，已经是公开的秘密了……

> 这些养殖户进鸡与存栏数量远远大于他们原打算投放于公开

[①]　《威尔特郡公报与先驱》(*Wiltshire Gazette and Herald*)，1962 年 3 月 8 日。

市场的数量,他们让鸡在狭窄鸡舍里一挤再挤,而自己坐等专业人员来确诊疫情。巧用此技,省却营销奔波之劳,他们已经把预期出栏鸡的市场价值捞回来了。……后来,各种给这位爆料的养殖户的来电纷至沓来。

"有的接通后,二话不说就让我别多管闲事,但更多的农户来电说,我这件事做的是时候,就该把这一丑闻公之于世。"

同样来自于诺福克郡的另一位养殖户就属于上面第二种人。

"他们套取补偿款的数额大得超乎想象,最后,他们的不当得利都转嫁到纳税人头上了。"……

农业部一位发言人昨晚说,"关于家禽疫情防控暴露出的某些方面问题,我们深感担忧。最近已经着手处理某些补偿案,目前有些补偿款已经被扣留,进一步处理结果要等待全面监察调查后再公布"。

实情公开后,不仅农民们深感不安,也引起议会热议。1962 年 3 月 20 日,一些议员明确表示,诺福克郡部分农民忧国忧民,也使他们寝食难安。这里不妨引用 3 月 21 日《泰晤士报》(*The Times*)上登载的《议会报告》(Parliamentary Report)中的一些段落:

> 英格兰西南部康沃尔郡法尔茅斯与坎伯恩选区(Falmouth and Camborne, Cornwall)的工党议员海曼(Hayman)先生说,农业部继续像这样大把大把地撒钱是否于法有据,于理应当,是十分令人质疑的。农业部长日前曾向议会报告说,有一位农户拿到了一笔不错的补偿款,高达 30 几万英镑。他希望听到部长先生向议会报告说,此案的监察调查工作目前已经结束,并公布调查结果。
>
> 年复一年,有些养殖户死盯禽病补偿款,狮子大开口,且来者不拒,胃口越来越难以满足。这种丑态之所以年年上演,在他看来,执法不严、行政不作为是祸根。
>
> 英格兰东部诺福克郡金斯林选区(King's Lynn)保守党议员

布拉德(Bullard)先生接着说："海曼先生好像在说，这里面有人涉嫌诈骗——骗补"。

海曼回道："我不是说真的有，我是说，有理由怀疑有。"

布拉德先生继续说，应该向所有养殖户提个醒，如果有谁恶意在已经十分庞大的鸡群里再不断加鸡入群，并接着爆发瘟疫，此人则需承担无补偿款可拿的风险。布拉德先生觉得，养殖户根本不把过度密养带来的最基本风险放在眼里，同时竟然还能得到补偿款，这事是令人匪夷所思。

英格兰西北部兰开夏郡乔立选区(Chorley, Lancashire)的工党议员凯尼恩(Kenyon)先生说，养殖户可以不断从市场上进鸡，使存栏量膨胀，最后领到的疫病补偿金又总是多于进鸡费——这种深藏不露的诱惑是令人难以抗拒的。鸡群"公估人"确实在查勘、鉴定、估损等方面很卖力气，但是，在业内，也确实存在一些精明的"经纪人"。凯尼恩先生建议，政府应收紧法规，盯防"索偿"预期，以达到"重典"治乱的效果。

然而，农业部长和苏格兰国务卿已经于1960年任命成立了一个委员会，并任命经济学教授阿诺德·普兰特(Arnold Plant)爵士担任该委员会主席。其目的是全面调查家禽疫病管理的问题，探讨解决问题的最佳对策。该委员会已于1962年出台了一个报告。

该报告首先回顾了国内外新城疫的流行病史，综述了以往采用的根除此病的方法，最后得出结论是：

> ……继续由纳税人负担兽医医疗卫生服务的成本与淘汰、扑杀、销毁感染个体造成损失的补偿，仍不失为可行之策。但是我们建议，补偿损失的成本将来应该由整个养禽行业来承担。从这个意义上讲，这种成本分担方案将会进一步刺激企业积极、广泛地使用疫苗来防控禽病。如果给补偿设置容许极限，那么养殖企业肯定会顾及本身的利益，想方设法最大限度地降低大规模扑杀健康

家禽的必要性。

对此套建议,现汰其冗芜,简其精要,列举如下:

我们的结论是,当下最迫切的目标应该是实现对新城疫的有效防控,而不是彻底根除该病……

我们欣慰地发现,如果新城疫给养殖户带来的损失能够通过自愿接种合适疫苗而得到有效控制,那么,不景气就是暂时的,养禽业是能持续做下去的……

继续通过扑杀患禽与接触禽来切断传染源,同时利用疫苗接种来限制疫情所造成的损失,两者应该有机结合起来,做到双管齐下,同抓共管。

……疫苗接种所产生的医药费应该由养殖户来支付。

……纳税人负担扑杀销毁患禽的成本……但是,整体疫情损失补偿应由整个养殖业来承担。

据估测,政府给养殖户提供的疫苗及其接种费用补贴平均每只鸡为 0.5 便士(旧制)。而根据 1960 年的统计数字,英国财政大臣从纳税人的腰包里掏出的疫情损失补偿费,铺开到所有鸡型,平均每只鸡是 4.5 便士(旧制)。

1963 年 2 月 14 日《家禽世界》上的一篇报告谈到,自从两个月前"强宰令"被取消以来,真正给鸡接种疫苗的养殖户不到总数的 25%,禽蛋委员会(Egg Board)对这种业态表示十分担忧。该委员会强调指出,养殖户如不及时采取措施保护自己的鸡群,他们将冒致命的风险,承受巨大的经济损失。全国农民联合会(National Farmers' Union)兰开夏分会指出,新城疫疫苗只接种两份额[1]还不够,建议在 9 周或 10 周龄时再强化一次。

1963 年 2 月 14 日的《家禽世界》上登载的一封信的内容显示,目前,养殖户对于接种疫苗频频缺乏"兴致",或许跟下面这个因素有关:

---

① 如对蛋鸡来说在三周龄和产蛋期开始日。

我们这些高大上的行政人员,往往"琴瑟果腹,不知疾苦",体会不到小型养殖户在给家禽免疫接种疫苗时面临的实际困难与开销。

大部分小型养殖户基本都是单干,一般不顾工,可是,要是干接种疫苗这种活的话,临时找人打下手是非常必要的。而户主常常必须要在前一晚上把小鸡一只只地抓出来放在笼子里,大白天干这活肯定是行不通。

如果有谁不晓得完成此项任务有多难,那就让他试试一只手紧紧攥着手电筒,另一只手要从黑乎乎的六七间鸡房里把500—1000只鸡雏逐一抓出来并塞到笼子里。这项任务即使由两个人完成,也是很艰巨的。问题还没有就此结束,没有几个小农户有这么多鸡笼能把所有雏鸡都装下。

小农户们心里都明白二次强化免疫是必须的,这样才能加强首次常规免疫的效果,至此,小农户反应平平、跟进寥寥,也就不足为怪了。疫苗的成本只不过是给鸡做疫苗所涉及到的药物等成本与劳动成本的一小部分而已。

鉴于所涉诸多实际困难,人们不禁要发问,继续实施"强宰令",并向整个禽业界征疫病保险税来冲销防治成本,这一做法难道就是不明智之举吗?

对于小型养殖户来说,同样可造成巨大损失的风险还不止以上这些。

鸡窝窜入的大老鼠,鸡房闯入的猫头鹰,其杀伤力常常不亚于疫病。一只猫头鹰飞进鸡房,惊恐万分,扑扑腾腾,飞来飞去。下面的雏鸡其受惊程度不亚于猫头鹰,800只惊恐万状的雏鸡成堆成堆地挤压在一起,直至全部窒息,无一生还。在短暂生命周期中的后期,雏鸡平均占有面积不过0.5—0.75平方英尺,鸡房门口出现惊吓刺激,都会迅速传到鸡房远端,造成砌堆挤压致死,因此,对鸡来说,这些在鸡房曾经上演过的惊悚桥段都将是灭顶之灾。

事故也可减损利润,甚至毁掉生意。除了疫病肆虐,机械故障所造成的危险无时无刻不在身边。譬如说,通风设备失灵,也可成为一次性摧毁整个鸡群的灾难。鸡场经理早晨查房,发现鸡房寂静得让人感到诡异。仔细查看,原来鸡舍通风系统早已"罢工",他的鸡已全部死掉。舍内温度通过自动调温器只能上调,但不能下调,而降温装置又太贵,安装不起。经理跟我说,"热浪袭来,我只能手划十字,祈求上帝保佑平安无事。闷热的天气里,一两天的工夫鸡就全都热死了。"

早些年,养禽户都赚得盆丰钵满。但是,跟各行各业的业态一样,在创业路上走得越远,就发现生意越来越不好做,钱越来越难赚,尤其是近年来频繁出现的肉鸡产能过剩现象。爱德华·特罗(Edward Trow)在 1962 年 2 月 12 日的《每日快报》上这样写道:

> 现在,屠宰场和批发市场都积压了成千上万只鸡。
>
> 原因就是做肉鸡的现在出栏太多,买不掉。虽然现在的鸡肉价格比三四年前更便宜了,但却出现了多年以来并没有出现的肉鸡购买力的下跌。
>
> ……而我认为导致市场低迷的原因是,消费者不问价,买鸡肉买的是"有味道",不是"没有味道"。

超市往往对肉鸡抱有浓厚的兴趣。以翰音之肉为美食乃土豪生活之徽标。鸡肉常用作新店开张的商品免费送,或作为吸引顾客"走过、路过,不要错过"的亏本甩卖品。物美价廉,真的不错。但是,此时此刻,消费者早已对低价产生依赖,再去戒掉这种依赖感,回到现实价格,无形中增加了难度。"请告诉你们那边的厂家,不要重蹈我们的覆辙,除非想要按我们的死法一起携手赴死。"诺尔曼·比斯顿(Norman Beeston)先生于 1961 年在美国做实地考察结束后临行前向养殖场家提出警告说:

> "肉鸡到消费者口中的价格是每磅 10 分钱,低于生产成本 4 分钱。考察期间,他们跟我讲,现在正值剔宰的季节,但是,如果我

的所见所闻是真实的,那么,他们的剐宰季节还真的不算短。"

比斯顿先生单刀直入,晓以利害:如果英国养殖场效仿美国模式,则会深陷其中,不可自拔。他说,"美国禽业有量无价,产能过剩,正不知如何去库存。问题不是出在生产环节上,而是出在了消化库存的营销环节上"。

"启用亏本促销价的价格促销法不啻自杀。"比斯顿先生继续说,"优惠打折价要搞足够长的时间,才能让家庭主妇们相信,优惠打折价就是市价。其结果是,零售商今后就只能长期稳定在一个价格上了"(《家禽世界》,1961 年 6 月 29 日)。

利润已经低到每只鸡只能净赚 0.5 便士(旧制)。许多靠银行贷款的小型养殖户遇到了银根紧缩与供过于求的两种窘境,只好被迫宣布破产。很明显,产能越是直冲云霄,小型养殖户就越命悬一线——价格一降再降。为了冲出这一怪圈,有些更加敬业的养殖户,"八仙过海,各显神通",各自发明了一些自谋生路的好做法,突破了过去的"一招鲜、吃遍天"的模式。有道是,"等公文,不如倚市门":有的在附近的农贸市场上租了个专卖摊位,发现每周都能甩出去很多"鲜鸡";还有的在自家门前摆摊倚门自销;还有的沿街叫卖;有一家甚至改装了一部移动烧烤车,送鸡上门,向家庭主妇炫酷:涂上黄油和雪利酒的味香肉嫩、香酥脱骨的烧鸡! 当然,在家庭主妇面前,不要管你的美食叫"broiler"(肉鸡),因为"broiler"(烤锅)一词大败胃口。1961 年,英国肉鸡养殖者协会(British Broiler Growers' Association)很聪明地自动正式更名为英国养鸡协会(British Chicken Association)。

这就是鸡养殖业的现状,其规模和数量庞大,在困境中苦苦挣扎。它是一种讲究赚钱通道的商业活动,是一种农业产业,但其中的"农业"却不是传统意义上的农业。而鸡在昏暗、密闭的鸡舍里喂养了 9—10 周,达到了 3.5 磅标重后,就被抓进笼子,运到加工厂。如此饲养生产工艺流程生产出来的肉鸡吃起来索然无味,这一话题将在另一章里加以讨论。

第三章　肉禽加工厂

我们一行人继续前行,来到一座貌似"人畜无害"的"工业风"厂房的建筑物面前。紧贴着装有多扇高大移动门的仓库样大厂房的外墙,高高地叠放着几百只格子笼架,好像刚从厢式货车上卸下来的样子。

厂方人员怕我们进入屠宰间时身上溅到鸡血,为我们准备了防护装。我们穿上白色工作服,蹬上防水长筒靴后,便走进了仓库。只见墙内侧叠放的格子笼架就更多了,每笼装 12 只育成鸡。此时此刻,我们仿佛站在赛场的主看台上,厂房里发生的一切一览无遗,同时也感觉整个人都被噪声吞没了:刺耳烦心的嘈杂喧闹,BBC 工作背景音乐台的连续播放,刺眼的强光照射,隆隆的机器声震撼、轰鸣不断。那些十周龄的出栏毛鸡,在熄灯模式、静音模式、免干扰模式、受宠模式的环境下长大,如今全被送到这里。被塞进笼子,搬上厢式卡车,有生以来第一次,也是最后一次,见到了头顶上的苍天白日。它们都被带到了生命的尽头。

这里并不是说,它们有好心情来尽情享受这首见天日的满满祝福。按屠宰惯例,出栏鸡在到达加工厂之前,要先饿上 12—16 小时。而从其"归宿"之地到大限之时,还要在笼子里度过大半天时间。消化道中滞留任何没消化完的食物都属于加工过程中的废弃物,会破坏深冻冷藏期间胴体的耐储性,因此,这期间,它们不给吃不给喝。在这一行里,每只鸡的鸡料有半盎司的添减,都可能意味着转盈为亏,或转亏为盈。

大限将至,留给毛鸡的时间不多了。毛鸡一只只被抓出来,进入挂鸡流程,两腿被倒挂在一个传送带上。工人操作的动作十分轻柔,唯恐毛鸡受惊后妨碍去毛机去毛。毛鸡传到屠宰工面前一般需要一分钟到五分钟不等,这取决于传送带的布设情况和速度快慢。毛鸡在传送带上自己往前走,喙张开又合上,合上又张开,虽然无声无息,但是呈现出鸡害怕时的那种样子。但我也听说,鸡双商很低,对自己的处境一无所知,更没有预感。不时地,它们会挺一挺身子,拍打拍打翅膀,每当此时,轻轻地向下拉一拉它们的脖子,它们又恢复静挂的姿态,跟着传送带自己继续往前跑。

我注意到,毛鸡一边往前移动,一边能看到几英尺远处的对面反向传送带上倒挂着的它们的同伴,不过,这会儿它们同类的羽毛已经完全被除掉。虽然这一情景,在它们视野里持续只有大约半分钟,但也正是在这段时间里,它们开始呈现出各种惊恐的症状。难道我在自己欺骗自己吗?还是纯属巧合呢?后来,我寻机向博物学家康拉德·洛伦兹请教,问他是否认同毛鸡在当时心里明白发生了什么事情。他回答说,"根据我的经验,鸡根本'解读'不出来它们的同伴正在被宰杀或是已经倒地死去的情景意义,因此,我认为,你说的情景并不会增加它们的痛苦。相反,我倒相信,牛进入屠宰车间时会因为嗅到它们同类的血腥味而遭受极度恐怖的折磨。"而另一位很有名气的业内人士却似乎对此种观点不以为然。默里·黑尔(Murray Halt)在《家禽世界》(1961年10月5日)上撰文写道:

> ……对危险源的本能感受性是野生动物的生存之本,而人类无论怎样驯化动物,都无法根绝这种根深蒂固的本能。从遗传基因上讲,鸡的骨子里头有一种"生杀予夺,我行我素,肆意鸣叫、霸气冲天"的血性。

雷丁市(Reading)的弗赖伊(Fry)先生在给《家禽世界》(1961年6

月 22 日)的信中这样写道:

> ……消费者需要的就是那种放血、去毛、净膛后,外观肥瘦得体、营养丰富的光板"西装鸡"。未达标的鸡,我觉得,责任不在养殖场,而在加工厂。

> 屠宰工当着地面上叠放的笼子里众多待宰毛鸡的面,把它们的同类杀得血流满地、身首异处,不用说,目睹了这一切的毛鸡心里完全清楚等待着它们的将是什么。在加工厂里这种常见的血腥宰场面中,毛鸡受到了巨大的惊吓。而惊恐万状、浑身绷紧的毛鸡,身上的羽毛被夹紧,自然不容易褪干净。

有些加工厂使用电麻器把鸡电休克后再割喉放血,有些厂没有购置电麻器,也有些厂购置了,但闲置不用。我访问的这家养殖场就属于后一类。经理说,"电麻法放血不全,而手刃法放血更快,也更加人道"。眼前,待宰鸡先是被割喉,然后鸡猛烈地扑打着翅膀,消失在放血槽道里。一分钟后鸡从槽道里传输出来,还在猛烈地扑打着翅膀,直到被推进热气腾腾的褪毛缸里浸烫。经理信心满满地说,"死鸡不怕开水烫,鸡入缸前早已经死亡了"。当烫过的鸡从褪毛缸再传输出来时已经彻底断气死亡,全身毫无反应。接着,它们被输送进去毛机里脱羽褪毛。就在这 段里,这些在传送带上的死鸡依次通过那些待宰活鸡的面前。然后,它们依次通过墙上的进鸡口又被送入内脏间去做掏脏、分脏。在内脏间,与车间等长的通长条凳工作台上,传送带在慢慢移动,台下是排污槽。沿着工作台一字排开,站着几十位身着白色工作服的青年男女工人,他们按照移动节点的节拍或节拍的倍数完成自己分工的那道工序。有称重的,接着有切爪的,有负责钩头二次吊挂的,接下去还有开膛的,等等,等等。经过冲刷沥水,胴体的里里外外都变得干干净净后,下一道工序就是送入冷却机里冷却。接下来,胴体被传送到第三个车间,在这里做最后整形,装入乙烯袋。此时要挑出挫裂胴、破损胴,剔除严重变形的部分,将剩下的切成"鸡块"。最后,把一只只包装好的乙烯袋堆放入铁丝推车里,并按时将其推到深冻冷库进行速冻冷藏,等候提货出仓出售。提货出仓时,一般用艳丽的、带有精美图画的纸箱来二次包装速冻包装袋,以便在超市里吸引家庭主妇的购买欲望。

车间里到处洋溢着心满意足、称心惬意的气氛。女孩们边忙着手上的活,边哼着小曲;男孩们也是边干着活,边聊着天。就是在屠宰车间,工人们也是踏着轻松的步伐走来走去,自由自在。若遇有提爪倒挂着的毛鸡挡路,工人们就像推开一扇扇窗帘一样,把它们拨到一边。若见到哪只毛鸡躁动不安,工人们便伸手把它的脖子使劲往下拉,直至息声。从到厂的毛鸡出笼到深冻冷库入库速冻,由于流水线速率以及各工序的节拍不同,整个流程大约需要 18 分钟到一个多小时不等。

"你吃鸡吗?"我开口问起了经理。他的回答斩钉截铁,"我的老天爷,你看我能吃吗"?我后来找到了个机会去参观一家综合屠宰场,我向现场主管问了同样的问题,"看完屠宰动物后,您还能吃得下去动物肉吗?""要是小动物的话,我吃不下去",他说,"但是,要是大一点的动物的话,看完屠宰后,我照吃不误"。

毛鸭、火鸡、肉兔都一只只地被工人拎起两爪倒挂在传送带上,每只动物都不太适应被拎腿倒挂。当时,这家屠宰场每小时能加工1500只家禽。按今天的标准,这纯属一家小型屠宰场。眼睛看着屠宰工寒光闪动,手起刀落,鲜血翻飞,直往他自己身上飞溅,我心里想,如果他要打个喷嚏,擦擦鼻涕,挠挠痒痒,或有什么分神的事使他一时注意力不在这些毛鸡上,那会发生什么危险呢?这些挨过刀的鸡也会在一息尚存的情况下,被推进滚烫的褪毛缸里吗?每两秒钟宰一只鸡的瞬间精准时控,容不得人出现任何一丝一毫的失误,否则会导致不可想象的后果。我心里还在想,对于一个屠宰工来说,一小时手刃 1500 只毛鸡,一天要连杀 8 个小时,这意味着得有相当高超的技巧和效率啊。过一段时间以后,是不是屠宰工只能注意到鸡会出血,而不会感觉到鸡在忍着疼痛呢?"找一个屠宰工真的不难。"经理最后跟我说。

英国养鸡协会主席佩珀康(Peppercorn)先生预测道(《农夫与养殖

者》副刊［*Farmer and Stockbreeder Supplement*］,1962 年 1 月30 日）：

> 由于现在的劳动力成本等大幅下降,将来的加工厂会比现在多数加工厂规模大得多。在这个国家里,对于一家肉禽加工厂来说,多大的经济规模为最优化,我觉得尚无人能说得清,但是,我们可以蛮有把握地说,加工量至少应达到每天加工 3 万只,甚至可能比这个加工量还大一些,企业照样可以持续发展下去。

现在,有些较大型加工厂已经达到每小时加工 3000—4500 只的规模了。

现在每年从加工厂速冻外运的成品包装鸡已达到 2 亿只,可是目前尚无相关强制性法规保护家禽免受在完全有知觉时被割喉。其原因之一是,目前找到较为人性化的宰鸡法难度较大。起初,有人寄希望于毒气法,但是,毛鸡通过毒气室时会扑打翅膀,这样一来,就会造成每只鸡 0.5 磅的毒气损失,使得该法变成一种昂贵的方法。人道屠宰协会联合一些动物医生共同得出的结论是:电麻法是可供选择的最人性化的方法。

先是由某厂家推出了一款高压电麻器,但是同时这种型号也对使用者构成严重的安全隐患,因此,又被厂方质检员叫停。不仅如此,这种型号只能致死一半的待宰鸡,而另一半只能致瘫,不能致死。毛鸡在挨刀抹脖子后,必须继续活一定长的时间,以便于其心脏将血液排干净,达到放血充分。该种电麻器的发明者科普与科普电子公司(Cope and Cope Electronics)的科顿(Cotton)先生,不得不又重新回到原点,尝试研制出一款低压电麻器,将待宰毛鸡电晕了,但并未电死。而且作用时间要延时,确保鸡的无知觉状态持续 90 秒,在苏醒前被输送到屠宰工工位上并完成放血工序。此时,控时与技巧显得十分重要。科顿先生最后成功发明了一种低压电麻器,使得所有必须的要求都得到了满足。接着,他会同人道屠宰协会的西德利(Sidley)女士和霍顿家禽研究站(Houghton Poultry Research Station)①的皇家兽医协会会员R. A.赖特(R.A.Wright)先生,从人道主义、放血完全程度和胴体价值等角度,对该种电麻器的有效性进行了一系列测试。"人道屠宰协会年度报告 1959—1960"(The Annual Report of the Humane Slaughter Association 1959—1960)发布了赖特先生就本次成功测试所给出的具体结论和意见:

(1) 操作安全可靠;

(2) 家禽明显完全失去知觉;

(3) 随意肌完全松弛(除了间歇性拍翅外),便于切颈操作;

(4) 放血完全;

(5) 打毛机操作方便;

(6) 禽腿折断罕见。

该报告也包括了赖特先生对不经致晕屠宰家禽的评论意见:"我认为,不经致晕对家禽进行切颈是严重不人道的行为,因为家禽明显处于清醒状态,因此,在相当长的时段内会承受巨大痛苦。我一直坚持这一观点,对此,我没有任何疑虑。"

低压电麻器构成一种切实有效的家禽人道屠宰法,同时又有放血完全的效果。既然此种观点已经得到认同,有关方面便将强制使用电麻器的制规建议提请到农业部批准。农业部立刻回应,并指派部里的一位负责动物医疗卫生工作的官员,前往一家现代养殖场进行调研核验,并拿出处理意见。

西德利女士应邀参加了一次部里官员座谈会,会上那位现场调研归来的兽医官员发言说,他发现,十分之一的毛鸡电麻后的眼脑反射尚未完全消失,因此,需要对此现象开展进一步的研究工作,并证明此种眼脑反射的存在与否与知觉的存在与否互无关联性。在完成这项任务之前,他不打算就该电麻法向农业部提请

---

① 由农业部与动物健康信托联合主办。

审议。

目前,研究工作正在霍顿家禽研究站进行,研究报告将会尽快做出,提交部里研判。

许多著名心理学家公开发表意见,认为角膜反射消失绝不是知觉消失的判定标准之一。

上文引自1961年年度报告的发布者人道屠宰协会的人员,他提到,在有知觉状态下被割喉放血的毛鸡,五只里有两只在被推进滚烫的褪毛缸的那一刻还活着。

1.5亿多只肉鸡外加总数不少于这个数字一半的笼养蛋鸡和高密舍养蛋鸡,它们都要年年如是地被送入加工厂处理。有人常常给我们洗脑,声称没使用电麻器屠宰法的加工厂只不过少数几家而已,但是谁信呢?我们宁愿相信,对上面几个数字稍加计算,就会显示每年要有近9000万只毛鸡遭此"活煮活褪"的厄运。

科顿先生于1961年6月写信给我说:

我在核查数据时发现,高压电麻器的供货数量较大,截止此信发出之日,低压电麻器的供货较少。不过,我还是认为,假以时日,低压型终将被证明真正能解决问题。高压型对人有安全隐患,且容易直接电死、致瘫待宰鸡。

总的说来,就低压电击致晕来说,中小型加工厂,譬如说每小时加工数量不超过400只,若采购了低压电麻器,他们会真的去使用,因为低压电麻器所能达到的速度与生产线速度是吻合的。而加工量远远超过每小时400只的厂家,即使购入了电麻器,设备很可能被闲置,因为生产线运行速度太快,"器"与"鸡"总是对不上点。

这种低压电麻器的技术缺陷后来得到了弥补,性能也更加完善,这貌似是满足肉禽加工厂人道主义需求的理想解决方案。但是,这一方案实际上也没有多大意义。原因是,大型加工企业早已把流水线上的传送带提速到每小时加工 4000 多只毛鸡，这一速度就意味着使用电麻器法无法达到充分有效的电晕效果。人们不禁要问，现有多少加工厂家在考虑积极面对新问题，寻求新思路，使用更多致晕技术，而不是仅仅诉诸高压电麻法呢？要知道，使用高压电麻法，可能仅仅使得待宰鸡致瘫，彻底违背电晕法的人道主义初衷。但是如果不使用它，就得眼睁睁地看着神志清醒的鸡向屠刀一步步移动而来。

不用说，所有加工企业都在忙于在鸡身上追求利润最大化。他们不愿意使用电麻器，是因为讨厌被迫高薪聘用一个或多个电麻高手吗？当然，其他型号的电麻器市面上也有出售。例如，有一种电刀，边砍边电击。还有一种叫梅维克电麻箱，屠宰挂鸡线穿箱而过，鸡体擦碰带电金属片而触电致晕，屠宰工在箱子的另一端等候给传输出来的晕鸡放血。该仪器初始成本较高，但它可以省去一个人力，并且属于傻瓜机，人人能上手。还有一种从丹麦引进的类似电麻箱的产品，其效率极高，每小时可处理 4000 只毛鸡。

人们不禁要问，为什么不用传统杀鸡法，一刀下去，身首异处？刀法利落时，无痛，瞬间完成，而且血一下子都灌到脖子里，想必胴体会呈现理想的白鸡成色。可是，看上去是一刀抹脖，黑血四溅，但是，毕竟心脏停跳时，容易造成放血不全，易致红膘肉，使得深度冷冻时的胴体耐储性打折扣。要知道，在大众消费者对"春鸡"不太感冒的季节里，鸡胴要冷藏数月才能按单下架出库。当然，还有其他一些因素影响鸡胴质量。

莫莉·黑尔在《家禽世界》(1961 年 10 月 5 日)中这样写道：

> ……毛鸡被硬塞到鸡笼里，鸡在里面东碰西撞，相追相逐，挤破擦伤，这时，鸡体正在失去越来越多的水分。它们在笼子里的状态，总的来说，要比它们在农场里刚被抓起时的状态差一个档次。如果你从管理员那里索取一份加工流程记录，从农场毛鸡的抓捕，到卡车毛鸡的运输，到生产线毛鸡的宰杀，整个鸡加工业务流程中

毛鸡的加工方式，你都可以一目了然。

太多毫无必要的仓促，太多的劳动力节约，其结果适得其反，造成减产的无形损耗，因此，这些做法反而变得十分昂贵。是个老文盲都不要紧，只要他始终懂得怎样管好他的家禽就称职。

跟其他产业一样，家禽加工业也是在不断的科学研究支撑下发展的。去毛机、冷却机、冷冻机、烫毛机、内脏摘除机等机器设备，企业都不断地对其性能进行改良，使其自动程度与功能更加到位。创新思维已经运用到生产实践中，如将一种镇静药，投放到饮水槽中，然后再抓鸡入笼上车，这样可以做到轻拿轻放，也可防止抓鸡时常遇到的歇斯底里症爆发与羽毛漫天翻飞。不要忘记，把1万只鸡一只只地抓到笼子里——这活一点也不轻松！

罗宾·克拉彭（《农夫与养殖者》，1961年8月29日）介绍了有些科学家提出的养鸡场"废弃物"的资源化利用方法：

例如，我精选了一项目前关于把养鸡场的鸡血、羽毛和下水料再做成鸡料回喂给育成鸡的研究。你残食同类吗？程度有多么严重？然而，神奇的是，鸡吃"鸡"且活得很快活。唯一美中不足的是，如那篇报告指出的那样，鸡的食纳会出现5%—7.5%的萎缩……

……但也有些严肃的在研项目探讨水解鸡粪对鸡的营养价值的提升。在一项蛋白质含量研究中，其化学分析结果显示，母鸡粪所含粗蛋白占总量的一半，还有肉鸡粪所含粗蛋白占总量的1/3，确实属于真蛋白质。

《农夫与养殖者》（1961年10月10日）有一篇报告说：

鸡要是既没有鸡冠，又没有肉垂，甚至连翅膀都没有，那么，这造型该是多么奇葩？联合肉鸡养殖者有限公司的总经理德里克·凯利（Derek Kelly）先生上周在一次雏鸡生产者协会（Chick Producers' Association）的大会上发出了这样的疑惑。……养殖企业的利润极易受毛鸡的构造和可食肉与鸡下水（内脏）比的影响。鸡活体总重很重要，但是，每一克鸡下水做成日粮后所生成的每一克可食肉又都是外快……

"从养殖场里的活鸡到上灶待烹的白条板鸡加工过程中，要尽量减少废弃物。在这方面，人们脑洞大开，极尽思爆之能事。"凯利如是说，"肉/下水比，小腿长度和颈长正在引起人们的关注"。

加州大学的阿伯特（Abbott）博士一直在做鸡在"新环境下"表现的实验研究。他的实验对象没有羽毛。凯利先生尽管承认现在就采纳这一做法太不可思议，但是他还是认为，用不上十年，人们会觉得此种方法不失为省却一道工序且颇为合理的方法创新。

针对禽肉加工厂缺少行业监测法规，并存在鸡群内传播与人鸡传播疾病的隐患这一问题，1961 年 5 月的《兽医记录》杂志发表评论说：

目前国内食用禽肉质检与食品安监仍使用通用于所有存放代售肉食品的"通法"。但是，针对其他动物屠宰的法规与许可证管理制度并不完全适用于家禽。在投放市场供人类食用之前，绝大多数红肉都走质检程序，但是，除了某些较大城市通过地方法规已经实施一定监控外，多数家禽实际上等于逃避了所有检查。1936 年，对伦敦史密斯菲尔德肉食品市场（Smithfield Market）实施的禽肉检疫质检结果显示，60％以上的禽肉属于病禽肉。当然，这一数字有一定误导性，因为当年检查的禽肉大部分是老禽肉，而现在养殖业的重点是低月龄禽。但有一点可以明确，如果不同的加工厂都可以听其自然，甚至选择性地实施检疫质检标准的话，那么病禽肉进入市场的数量也会是相当大的……

禽肉及其相关产品的消费者有权享受在卫生条件特别严格的状态下加工出来的干净且有营养的肉食品。如果禽肉的生产与营销完全失去监管，那么，给消费者带来的真正风险是什么呢？

禽肉质检的正常程序是，只要禽胴呈现任何影响其外观与适口性的状况，即可将其定为不合格品，并加以淘汰。当然，此做法几乎诊断不出来家禽真的患有什么疾病。至于所患疾病是否具有传染性或人禽共患，这都是次要的考虑事项。不过，这种做法本身无疑是对的。但是，病禽肉毕竟是病禽肉，就算没有变质，也是质地硬而无味，很少能烧出好菜。

不仅如此，暂且按下不论禽肉终要成为大众舌尖之美味，腹中之甘饴，目前，尚有其他因素需要我们视严格徒手操作标准为可取之策，明智之举。加工过程中，触摸肉禽与其胴体可对操作工人的健康构成风险，同时，污染的笼子的使用，病禽胴体体内摘下来的内脏的再利用，两者都增加了业内疾病传播的风险。

目前，状况仍无大改观。1962 年的"植物委员会家禽病害报告"做出了如下评论：

> 我们参观的一些家禽屠宰场所的环境卫生标准极低，令人错愕不已。而据了解，类似状况在其他多地同样存在，令人堪忧。卫生状况如此之差，地方政府难辞其咎。我们发现，国内许多肉禽加工厂的卫生标准还是很高的，但是，加工场地条件设施的性质与结构已成落实卫生标准的瓶颈因素。我们认为，应该提倡肉禽屠宰的集约化，这样，在屠宰厂房与设施的使用中更便于实现与维护较高的卫生标准。目前，荷兰、美国和加拿大的有关部门已对该问题给予极大的关注，以确保屠宰卫生条件。这件事引起了我们强烈的兴趣与特别的关注。我们期待我国卫生部与地方政府能够保障国内家禽屠宰卫生条件好转那一天的到来。
>
> 我们欣然获悉，《家禽去脏分割包装操作规范》（Code of Practice on Poultry Dressing and Packing）一书最近已经出版发行，但是，目前尚未出台像美国多数加工厂已实施的那种官方禽肉监察方案的实施细则。本国新城疫疫情尚未得到有效防控，部分可能归咎于处于该病潜伏期患鸡的宰后胴体的传媒作用。屠宰场

的质检员不大可能识别出此类潜伏感染的病鸡。尽管质检员能够检出一般呼吸系统感染的疫情症候，但是，我们仍然不想力推此种服务成为新城疫的防控措施之一。

屠宰场注册登记

依据 1954 年的《曼彻斯特政府法》(*Manchester Corporation Act*)，曼彻斯特市政府(Manchester Corporation)获权负责本市家禽屠宰场提供注册登记入库。我方现正在行使所授权利，同时，我方理解曼彻斯特市政府已认识到这些权利的价值。受"动物疾病法"制约而需履行义务、承担责任的屠宰场，若有能力执行相关监督管理规定，那么，地方政府必须知晓这些家禽屠宰场的厂址与分布。我们建议，各地方政府辖区是否推广曼彻斯特市注册登记工作的模式的决定，应由有关地方政府做出。

在报道发布之时，农业部人士告诉我，要求禽肉加工厂注册，以便依法对肉禽屠宰加工实施监督检查，以保证禽肉的安全卫生。此项工作目前尚没有强制性立法出台。

第四章　叠式笼养蛋鸡

多数农场都养鸡，多数蛋鸡养殖户饲养规模小，至多 500 只。但是，随着专业化生产方式在养禽业越来越大行其道，蛋鸡存栏数也越来越大。现今，据估测，在英格兰和威尔士，三分之一的鸡蛋产自存栏 500 只以上的蛋鸡场，六分之一的鸡蛋产自存栏规模更大的蛋鸡场。有几家鸡蛋巨头的存栏数已达到 10 万多只了。像其他动物一样，如今在农场的田园景色里，鸡正在快速消失。现在，平养鸡只占养鸡总数的 20％，80％的鸡已经改成舍养了。那么，是什么原因导致这种趋势出现的呢？

也许最重要的因素是，在温度较低的环境里，蛋鸡为了保温，必然大量消耗其体内热量，进而影响产蛋率。因为当鸡自由放养时，一发现食物她们就会立刻奔抢，你追我赶；寒风来袭，她们会自动驱寒祛湿；热浪扑来，她们会自动扇风散热。诸多活动需要自我耗损生理能量，因此，为了"开源节流"，提高鸡蛋生产的能量利用效率，农民们往往会剥夺母鸡的这些天然乐趣。

而平养母鸡不管是在下屋耳房，大棚畜舍，还是特制草地野窝，总能有窝可回。如一位对密养不屑一顾的农户描述的那样，当看到她们"风吹雨打，日晒雨淋，在污泥中乱抓乱挠"时，我们不禁要问，这是不是因为她们喜欢呆在户外呢？运营 30 年包揽了产蛋性能测定主要奖项的一位养鸡专业户,在 1962 年 2 月 16 日的《牛津邮报农业增刊》(*Ox-ford Mail Farming Supplement*)上证实了这一点:

> ……母鸡在室内觉得铺有厚垫草的环境舒适,在室外对草坪上的新鲜空气感到惬意。
>
> 尽管野外生存,路崎岖,食难觅,但是她们还是偏爱户外生活。哪怕天空雪花纷飞,大地银装素裹,也改变不了她们搜寻山珍野味的决心。
>
> 在上个月的降雪期间,繁殖率仍然超过 90％。这就颠覆了冬天散养种鸡不划算的现有理论。

过去,到达开产点以前的育成时段里,几乎所有蛋鸡都是散养育成的。即便是现在,很多蛋鸡也还是散养育成的。这种做法也适应于种母鸡的育成。一般认为,散养鸡育成后更健壮,耐受力更强,羽毛致密,抗病力强,因此,此种鸡在到达开产点、进入密养鸡房上架后,会具有更强的抗压能力。1962 年 11 月 8 日的《家禽世界》报道了一家农场所做的种母鸡育成环境对种母鸡健康与性能影响的对比实验。育成鸡房分两种。第一种是无窗、环控型鸡房;第二种是两头开放的大鸡棚,不能完全遮风避雨。实验结果显示,到达开产点时,密闭鸡房育成的母鸡看上去贫血,体型也比其他系统中育成的同类母鸡小得多。投进产蛋房上架后,其产蛋绩效也大受影响。产蛋率高峰值平均低于其他系统育成鸡的 10％。唯一稍微值得一提的是蛋的尺寸稍大一些,且成鸡死亡率未见上升。第二鸡房的实验结果报告的原话是这样描述的:"由于空气新鲜,小母鸡发育良好,羽毛紧凑,在低气温下生长速度照样很快,整个育成期间没生过病。"

许多养殖户深信,此种养法将是养鸡的终极优化版。请看来自另一家农场的报告:

> 育成小母鸡终将要上架去铁丝或板条地面的笼舍里度过她们最为高产的生命时段,因此,她们若想把其遗传获得的年产 250 枚

鸡蛋的性状充分表达出来,她们必需活力四射,身体强健。这一重任的完成,在 J. A. 里德(J.A.Reid)看来,意味着,育成期间的鸡雏所享受到的新鲜空气、干净的地面、阳光和草地,在其产蛋期间,仍然能享受到,而且其重要性,不亚于育成期,甚至胜于育成期……

从劳动力投入与效率上讲,里德先生完全可以把他小鸡栏院子卖掉,然后再投资兴建一座大型密养型鸡场,这样他就可以大幅度降低生产成本,但是他听不进去这种劝告。产蛋方法越是集约化,蛋鸡就越需要在生长关键期内打造健康体魄,保持旺盛活力。对此,他深信不疑。(《家禽世界》,1961 年 8 月 24 日)

"我能不能在格子笼里育成蛋鸡?"有人向《农夫与养殖者》(1961年 4 月 4 月 11 日)咨询。

回答是:"我们不建议这样做。""散养不一定有必要,但我觉得,能呼吸到新鲜空气,能晒到太阳,却是十分必要的……"

牛津郡的一位养殖户做出这样的评论(《牛津邮报增刊》[Oxford Mail Supplement],1962 年 2 月 16 日),"叠式笼养蛋鸡,一代又一代,代代如此。现在要效仿美国做法,回到户外平养方式,这来得有点太突然。我听说,这些多年从事密养的养殖户,现在正陷入纠结之中。"

但是,如果一只蛋鸡冬天产蛋少于夏天,那么,养殖户就连饲料成本都赚不回来,无利可图,因此,改"笼"为"散"是亏本建议,不符合经济规律。所以,不论你立场如何,喜不喜欢,在商业化农场上,鸡是一定要关在室内来饲养的。

介于散放养与叠笼养之间的养殖密集主义存在很多中间值,但是密集饲养鸡舍类型主要有四种:(1) 厚垫草;(2) 铁丝网地板;(3) 木条地板;(4) 叠架鸡笼。其中,只有叠架鸡笼对鸡的束缚程度最高。现在让我们看看这四种类型的结构分别是什么样的。

近期建造的密养鸡房的基本结构大体一致:又长又宽、无窗的大棚式建筑,沿着两侧墙壁开有多个透气孔,沿着屋脊装有一排排风扇,整体结构与肉鸡房无大区别。房内地面是混凝土水泥的,覆盖有 9 英寸厚的垫草,要么也可能装有稍稍架空的铁丝网地板或同样略微架空的木条地板,这两种架空式、活动式地板便于母鸡的大小便顺着空隙掉到下面的石板上。当然,各种变体版本还有不少。也有架空的活动地板是铁丝网与木条相间的,或者铁丝网与厚垫草相间的等等变体类型。所有的鸡房都设有给鸡喂食的喂料槽或料斗,此外,还设有饮水管。鸡房一侧,很多巢箱一字排开,并附设有不干扰母鸡、能从外侧集蛋的装置。当然也有母鸡的孵卵窝和趴窝位。

在这样的环境里,母鸡可以自由移动。

建议养殖密度控制在每只鸡 1—4 平方英尺之间。必需划重点的事实是,养殖密度过大会引发很多病害。跟农家大院一样,要提供充足空间,使得低端鸡群与高端鸡群能够和睦相处。鸡群具有等级严密的金字塔形的等级秩序结构,这是通过鸡群的所有活动来确立与维系的。设备短缺,如料槽空间不足,都可能引致高端鸡群霸占料槽,低端鸡群不敢靠前的现象出现。鸡群过于拥挤除了可能造成弱势鸡群的营养不良以外,常可诱发鸡群恶癖爆发,如啄羽、互食等。不用说,弱势鸡群的生活一定是疲惫不堪、苦不堪言的。等级秩序确立之战一般在十月龄时打响。断喙可有效避免啄羽癖的发生,在雏鸡达到十月龄之前,可以"先发制人",对其实施断喙术。

当然,许多从农场老房子改造而来的蛋鸡房,窗大通透,采光充足,但不能控温或控光。

蛋鸡密养方式中,对鸡的自由限制最为严重的是层架笼养系统。下面我将重点讨论一下这种系统。

笼养不是什么新方法,即便是蛋鸡笼养也可回溯到 50 年前。但是,如今风靡一时的层架笼养法不过兴起于十年前。

1911 年,美国威斯康星大学的 J. 哈尔平(J. Halpin)教授就开始用笼子养母鸡。笼面、笼顶是铁丝,笼底、笼侧、笼后是薄木板,笼面开有小门。同样的笼子三层为一叠。1924 年开始流行于全美,1930—1931

年开始商业化批量生产。

我国层架笼养法是兰开夏郡的一位农民温沃德（Winward）先生大约于1925年首创的。鸡笼以木材框架为主，笼底与隔断为铁丝。两只笼子共享独立的料槽与果酱罐各一只。这位农民花了两年时间共制作了2000只笼子，但是，这些笼子只沿用到1940年。1930年，我国开始了层架鸡笼的商业化批量生产，且行业稳步增长，直到二战期间停止。十年前饲料配给制度取消后，鸡笼制造业才像滚雪球一样发展壮大到现在的规模。英国制油与油饼厂（British Oil and Cake Mills）（现已不存在）的布朗特（Blount）博士依据层架笼销量作出估测，在1951年一年里，实际投入使用的鸡笼已达到300万只。今天，据估测，全国约有一半的高密舍养蛋鸡是用叠笼饲养的，占蛋鸡总数的40%。1961年是蛋鸡业的"小年"，全英共有存栏蛋鸡7000万只，那意味着，约有2800万只蛋鸡被圈在格子笼里饲养。

除了冬天能多下几枚蛋，究竟还有什么其他的诱惑驱使一些养殖户偏爱叠笼养，而抗拒其他对鸡束缚程度较小的密养法呢？

对养殖户来说，最大的优势还是经济方面的。理论上讲，养殖户可以剔宰或替换蛋不抵料的低产鸡。我这里只能说"理论上讲"，其原因不过如此：一笼一鸡时，很容易知道下了多少蛋，只需笼子上面挂张卡片，下一枚记一枚。但是，现在，鸡均空间越来越收紧缩，四五只、六七只，甚至更多的鸡，都挤进一只笼子。搞清楚哪枚蛋是哪只鸡下的就太难了，而且有的鸡喜欢骑在别的鸡下的蛋上，故作下蛋姿态给人看。我听说，有经验的养殖户对鸡是在生蛋还是在抱窝蹲蛋一看即知。即便如此，随着每笼鸡数的上升，靠统计生蛋记录来甄别低产鸡变得越来越难。至此，原有系统的一笼一鸡一卡、其生产统计记录一目了然的优势，已经被这一事实抵消殆尽。

与其他密养法一样，叠笼养法另一个诱人之处就是，叠笼养法比其他法所达到的养殖密度更高。养殖户可以依房选址，舍地大小相当，形成独立单元运营模式，无需依赖周边环境。从理论上讲严冬酷暑，日晒雨淋,种种天气状态,都可以忽略不计。1962—1963 那两年的严冬给养殖业的重创推翻了这一理论推出来的优势。当年的《伦敦标准晚报》(*Evening Standard*)报道了某养殖场在这场暴风雪中出现的情况:

> 在德文郡霍尼顿镇(Honiton, Devon),当地农民正在厚达 16英尺的风堆积雪上开辟一条通往与外界切断联系的董克斯维尔(Dunkeswell)的一条小路,在那里,养鸡户埃德里克·贝瑞(Edric Berry)被大雪围困,进不去,出不来。

> 他养有 3 万只蛋鸡。

> 贝瑞先生说:"鸡还是早晨吃的那顿料呢。我每天需要三吨半鸡粮。现在情况十分危急。自从星期五开始,一直中断了给养,而母鸡还在猛猛地生蛋。闲蛋摆得到处都是,足有 10 万枚。这一切简直像在恶梦里一样。"

在密闭的叠笼饲养单元里,自动化已被发挥到极致。图 20 照片展示,现代层叠式鸡笼组合规模很大,宛如一部大型机器,而且确实也真是一部大机器。笼子彼此相叠,高达三四层甚至五层。每组层叠鸡笼一行行首尾相连,背背相靠,直到整个空间被占满。行间有过道,但是十分狭窄,刚好容纳饲养员操作。

料槽是连续的,与每排鸡笼架等长,鸡粮从每排一头悬挂的料斗里源源不断地通过传送带输送到每只鸡笼前的连续料槽里。料斗鸡粮每天或更长一点时间间隔补料一次。饮水是由平行于料槽的供水槽供应的,或由引水管供应的,该管链接每个鸡笼的输出阀式饮水器。其技术设计匠心独运,值得点赞。

母鸡站立的铁丝网底面前低后高,坡度 1:5,便于新生蛋溜坡而下到笼前的一个蛋架上,一来不容易被鸡粪污染,二来是方便数蛋,三来是鸡够不到,也就不能自食其蛋。

比起鸡场工程师的工程,这些不过是雕虫小技。早已研制出来的鸡蛋上传系统通过集蛋带及其驱动系统将鸡蛋传送到集蛋中心,再由鸡蛋收集系统将鸡蛋从上传系统上收集下来。整个过程自动完成,省却了大量繁重的人工收蛋劳动。而对该自动收蛋系统持反对意见的人则认为,由于能透露蛋情的鸡蛋在现场已经不复存在,因此,不产蛋鸡的识别工作已经名存实亡,无案可稽。尽管机械数蛋可数出每个鸡笼滚到传蛋带上的蛋数,但是目前的机械装置却几乎不能挑出蛋鸡有时生出的软壳蛋和无壳蛋。总的说来,目前该系统尚未大量投入生产实践。

鸡粪经过铁丝笼底掉入每排鸡笼下方摆放的集粪盘,并定期由自动橡胶滚轴扫帚刮压到一个集粪坑或集粪桶里。也有可能用移动运粪带代替集粪盘。有的养殖场使用了大型设备,又添加了横向运粪带,直接把全场鸡粪统一运到粪肥中心,后续处理方式,则各家农场不尽相同。有的直接排入当地污水系统,有的运到自己的多种经营农场,有的则卖给园艺商家。除非在市区办厂,否则鸡粪处理过程劳动力的消耗一般不多。

在无窗的鸡舍里,安装有自动开关,通过设置,可调控鸡房照明,以满足蛋鸡达到最大产蛋量时所需的恰到好处的照明量;同时,也有一个复杂的照明方案,可以任意调整以满足养殖户对于蛋鸡生产最佳状态的追求。

长期以来,一直是一笼一鸡,然后试行一笼二鸡,死亡率并没有上升,而且鸡感到有了陪伴。由于每只成本有所节省,所以,利润略有提高。后来,就尝试一笼三鸡、甚至一笼四鸡,笼子还是普通的15—16英寸笼。实验结果显示,一笼多养法带来的利润更多,是十分成功的做法。

《家禽世界》的一位通讯员写道(1962年10月11日):

> 一开始,一只13.5英寸的鸡笼装两只小母鸡,后来由于空间看上去绰绰有余,于是又多装了一只,以便观察与一笼装两只时在

产蛋表现上有何变化。

结果发现，一笼三鸡时的产蛋率、料转率和死亡率的变化可以忽略不计。就这样，现在大家都搞一笼三鸡了。

每鸡 2/3 平方英尺的密殖度对鸡房内通风系统的效度提出了更高的要求……

1962 年 5 月 1 日的《农夫与养殖者》上面的一篇文章说，一笼三鸡养法未来具有广阔的产蛋利润空间。

"15 英寸笼养三鸡养殖法的资本收益总要高于低密养殖法。"

值得注意的是，一笼三鸡的额外死亡率是 2%。死亡一般发生在产蛋期的头两三个月里。其致死原因主要是啄肛癖和其他互食恶癖。

《农民周报》(*The Farmer's Weekly*)曾对一家农户做出如下报道：

该农户使用三排、四层 17.5 英寸鸡笼，一共饲养了 1728 只蛋鸡，鸡均面积 5/8 平方英尺。用这一密度养殖，实际等于将配套齐全的鸡舍建造成本降低到每只鸡一英镑的水平……

目前在建的规模相似的一所鸡房可容纳 2304 只鸡（一笼四鸡），但每只鸡分享的鸡笼面积只有 0.45 平方英尺（1961 年 10 月 13 日）。

有一家养殖户正在做一项生产对比试验，对象是 9.5 英寸笼养一只，12 英寸笼养两只，16 英寸笼养三只。其他试验组合还有 16 英寸笼养四只、24 英寸笼养四到五只。对此，1961 年 7 月 22 日的《小农户》给出的建议是：

到最后，笼养场家还是不得不一锤定音，一笼究竟养几只，一只鸡究竟需要多大空间。笼养存栏数越大，当然，利润空间也会越大。但是，此种利润空间很容易被鸡均产蛋力下降所抵消。

本国与美国的养殖经验显示，笼子只要能容得下，则鸡均产蛋力与单笼养殖只数无关，但是，一笼两鸡以上的死亡率会增加。因此,一笼两鸡似乎是经济上最优化的选择。

　　有些养殖者发现,9英寸笼养两只小母鸡,其产蛋力不受影响,且发挥很好。但是大母鸡则通常需要11—14英寸笼。

　　据1962年3月9日的《农民周报》报道,在蛋鸡笼发明国英国,一笼养殖数一般控制在一两只或三只。

　　但在美国,蛋鸡笼正在悄然跟进,农民们一般不折腾,不啰嗦,"单刀直入",20英寸×30英寸是最小的鸡笼,一笼装10只蛋鸡,备受养殖户欢迎。但更为常见的尺寸是3英尺×4英尺鸡笼,一笼装15—25只蛋鸡。

1962年9月6日的《家禽世界》刊登了一位特别代表提出的警示意见:

　　多数养殖者都忽视了鸡的社会行为问题。多只鸡笼里鸡之间的啄序所引发的问题不亚于大鸡舍里铁丝网或厚垫草地面上鸡群中的啄序问题……足可使产蛋高峰下降至少10%……

多鸡笼中所发生的啄羽癖、互食癖等问题的治理办法大概有两种:断喙和降光照。这位特别代表引述琼斯(Jones)博士的话说:

　　我们发现环控状态下使用超低光强的效率同样很高。我们一般每平方英尺供光7.5—1个流明。"供光为红色,但在光色和光强之间,目前尚不知晓哪种对防控啄癖更为有效……

在层架式自动程度高的养殖场里,一个男工加个助手就可料理1.5万只鸡。但却不能像小养殖场那样给予鸡以那么多的个性化照顾。埃里克·贝尔德(Eric Baird)认为这一点并不重要,只不过是一种"加分因素"罢了。(《农夫与养殖者》,1961年3月14日)

　　最近有一种说法,小型养殖单元因其对鸡的照顾细致入微,因此颇具优势。这一点,我也不否认。但同样很重要的是,我们应该认识到,蛋鸡本身只不过是生产诸多环节中的一环罢了,要知道,精算所望而未见之可疑之利是实不足取的。

现如今,仿效大户做法,模拟大场装备,增加保险系数,使得人工工艺因素得以突显并占优,才是保证利润的万全之计。因此,对于已证明获利的单元,加大规模,扩大生产,方为上策。

然而,1962 年 5 月 17 日的《家禽世界》上的一位作者却感到,机械化尚不能取代人工工艺:

总的说来,从事饲养管理的工作人员只注意打发差事,放在只要活着即可的动物身上的心思能有多少,雇主心里对此清清楚楚。机械化省力设备能使雇主的资产赢利最大化,何乐不为呢? 这是当今业内的常态。

很遗憾,蛋鸡房里的饲养员确实难得一见了,就算是有"一睹尊容"的时候,只要他们一离开现场,很明显,立马就有机械替代辅助装置把他们的任务接管下来。

机械创新设备越来越普及,这里并非对其优点一味全盘否定。这里想要说明的是,认为机器能取代家禽饲养管理的专门技术知识与技巧是一个严重错误的观点。

自动供料与供水系统问题就是一个典型案例。出于这样或那样的原因,鸡并没吃饱喝足,如果饲养员没能注意到这个问题,人们就不能指望这个系统能及时自动调整来满足鸡的吃喝,因此在这方面该系统并没有优势。

其实,你们这些饲养员瞬间即可意识到这一事实的存在。除此之外,饲养员可能会马上预感到自己负责管理的畜禽出现了什么特别不妙的情况。这种超高的警惕,实时的监控,会使得疫情稍有苗头,即被扑灭。

机械化饲养,从工厂生产角度上讲,确实能保证规模化生产厂家用远低于小厂的成本生产出鸡蛋或肉鸡,以满足大众消费。而小规模生产往往离不开家庭劳动力,而且是费时劳神的繁重劳动。

但即便是这样,我们也不好拿此说事,认为机械化饲养是无可非议的。

安东尼·菲尔普斯(Anthony Phelps)在1962年2月8日的《家禽世界》上撰文,表达了他对养殖户总是觉得密养是降低成本的最好办法的不理解:

> 每当被迫要节省开支时,养殖户总是首先想到房舍成本,这让人难以理解。从下面蛋鸡常用生产成本表中可以看出,房舍成本实际上只占总成本的很小比例。

每只鸡生产成本项	成本		总百分比(%)
产蛋点前饲养	13s.	11d.	28
产蛋点后鸡粮	27s.	0d.	54
折旧:房屋、设备	4s.	2d.	8
劳动	2s.	10d.	6
电、水	1s.	1d.	2
管理费	1s.	0d.	2
	50s.	0d.	100%

[s.=先令(旧制),d.=便士(旧制)]

以上数据显示,产蛋点前后饲养与饲料两项成本提供节约开支的空间最大,因此应为养殖户考虑之首选。对一般养鸡场来说,减少鸡啄食时掉料等饲料浪费与采用省力、省钱、运损低的散装运输饲料,其节省的开支幅度大大超过在房舍建设上的精打细算。当然,这不包括散养蛋鸡的情况。

养殖户将注意力集中在房舍建设成本上,其关注度大小与实际开销大小并不相称,这可能因为养殖户只考虑到了节省一笔基建开支而没有同时计算每年每鸡所承担的成本大小。

在设计容量仅为3000只蛋鸡的鸡房里硬要塞进4000只蛋鸡,先是一次性省下了几百英镑,但是,在建筑物的使用寿命中,这笔钱只不过为每年每鸡节省了一先令(旧制)罢了。

这里并不是说这种节省方式不值得一试,而是说鸡口密度并不是个简单问题。越来越多的既可靠、又有分量的证据显示,蛋鸡房里舍养率的提高会抑制舍内蛋鸡的产蛋绩效。换句话说,降低建房成本是个伪省钱模式……

迄今为止,国内以往研究成果中尚无较为严密的对不同养殖密度下产蛋绩效上的研究。不过,美国有几家研究中心对这一课题进行了穷尽式的探索。

多数研究对比了鸡均面积为 3 平方英尺的蛋鸡产蛋绩效与该鸡均面积减半的蛋鸡产蛋绩效,其结果均显示处于高密殖状态下的蛋鸡产蛋率下降,死亡率增高,休产鸡处理时体重过小,每一打产蛋用料率高。例如,在密苏里大学(University of Missouri)的一项研究项目中,鸡均 3 平方英尺面积的蛋鸡总产蛋率为 67.2%,而高密殖蛋鸡总产蛋率为 61.5%。在一项为期 500 天从孵化至淘汰的全程饲养周期的研究中,以上对比研究结果为每鸡产蛋差距 20 枚,约合市场现价 5 先令 5 便士(旧制)。

内布拉斯加大学(University of Nebraska)的一项研究结果与密苏里大学的研究结果相似:高密殖蛋鸡每生一打蛋比鸡均面积 3 平方英尺的蛋鸡多耗鸡粮 0.4 磅。

按 18 打蛋计算,鸡均 3 平方英尺面积的蛋鸡比其他密度养殖的蛋鸡要省 7.2 磅鸡粮,这就又节省了两先令(旧制)。

换一种角度计算的结果就是,消耗等量的鸡粮,非密殖鸡年产 241 枚蛋,密殖鸡年产 221 枚蛋。

内布拉斯加大学这项研究结果还显示,养殖密度比正常高一倍的组死亡率升高,最高达接近 5%。灯塔制粉公司(Beacon Milling Company)研究所的研究结果显示,母鸡休产报废时平均体重减少 1/4 磅。

其他许多研究中心也都为此类研究贡献了数据,他们的研究发现都证实这些数据的典型性非常强。

最优化的养殖密度相信一定是存在的，未来，尤其是在我国，需要更多研究加以发现。在此之前，养殖业者最明智的策略就是少量加密，谨慎前行。

相对于饲养与饲料成本来说，资金成本并不重要，这一概念也同样适用于深垫草法或叠笼层养法，同时也说明，加密饲养对于蛋产经济的影响是微不足道的。

农业部禽业总咨询师鲁珀特·科尔斯(Rupert Coles)博士在 1963 年 1 月 29 日的《农夫与养殖者增刊》上对目前业态进行了综述：

归根结底就是一条：用高生产率换取高利润。既然提高产量就是重中之重，养殖户又能做什么呢？畜禽的高产性才是王道。但是，现在的问题是，当今大多数家禽的生产绩效本来是"宽量程"的，为何在标准化生产环境下其生产绩效却变得"千篇一律"了呢？

是不是因为业内在一起涌向"工厂化"养殖方式的浪潮中，忘记了家禽也是一只只独立的生命个体呢？是不是因为在这个"新世界"里，我们漠视人工饲养管理及其传统，认为它们已经过时了呢？

我们紧随其后的美国人，现在似乎正在发现传统人工饲养管理方式的新意义。鸡均空间在扩大，对个体鸡的照顾在增加。也有些人认为，传统养殖方法的生产效率已达到极限，未来生产的进步需诉诸旨在调控环境的非典型性方法。

不久前，美国人引进了"光激法"，也就是增加照明时间，刺激鸡的生理活跃度，激励母鸡多生蛋。从凌晨就开灯，一直开到深夜，这样在产蛋高峰期，每日照明可达 20 小时。但是，养殖户越来越心生疑问，过度光照可能不是什么好事，会使母鸡紧张，染上恶癖。于是，他们又引进了被誉为"舍饲密养蛋鸡史上最重要的技术进步"的"微明法"。过去用每平方英尺三流明的地方，现改为能凑合用的、连星星微光都很难算上的朦胧照明。这样蛋鸡就在这"永恒的黄昏"中度过终生。但是"微明法"也有弊端，那就是，饲养员看不清母鸡是不是在"干活"。有些饲养员必须在鸡舍里呆上一段时间，然后开启不太打扰母鸡的红灯。当然，不要忘了经济因素——省了一大笔电费。

然而，1961年却发生了一件奇怪的事情。当时蛋鸡只养了一年，小母鸡一直是在格子笼里养大的，没享受过有益健康的自由放养生活，也没呼吸过野外的新鲜空气，不过，养禽专家们说，如果一直是这样养的，问题也没那么要紧。

1961年12月14日的《农业快报》记者报道说：

> 突然之间，层架笼里看上去非常健壮的小母鸡大批猝死，这下子可难住了研究人员。
>
> 这些鸡死于急性心衰。目前尚未找到病因与治疗方法……

爱丁堡家禽研究所（Poultry Research Centre）的 W. G. 西列尔（W. G. Siller）博士给出的意见是，这些鸡患有"笼鸡疲惫症"。他认为（《农夫与养殖者》，1961年12月19日），该病的超急性型患鸡会突然倒地猝死。急性型患鸡会出现平伏虚脱，如没被及时发现，会发生死亡。如果给其提供手饲或特护，几周或几月后又能恢复健康。该文指出，这种现象的出现，考虑到农场规模因素，当然是大大增加成本的。

白色来航鸡群对此病最易感。尸检报告显示，除了骨头又薄又软外，其他方面都正常，所生鸡蛋也正常，没有软壳蛋。因此，遗传学者感到病因不是缺钙。当天的《农业快报》继续援引西列尔博士的话说：

> "只有限制性的笼养鸡才是疲劳症的高发群体，而舍养鸡则一般对此症具有免疫力。因此，我们认为，在产蛋期开始前就笼养了一段时间的某些品种的小母鸡由于缺乏运动而易患不同程度的骨萎缩症。
>
> 也就是说，笼养鸡的骨骼钙储存量低于舍养鸡。产蛋期开始后，已经捉襟见肘的钙储被透支到极限。

但是,缺钙鸡为何不直接停产,或至少生软壳蛋呢?"西列尔博士不禁发问。可是这最后一个问题始终无解。

《农夫与养殖者》咨询部的 H. R. C. 肯尼迪(H.R.C.Kennedy)于 1962 年 1 月 30 日做出评论如下:

疲劳症与体能严重透支同义,在某些鸡群中可造成相当大的浪费。叠笼养高产蛋鸡①在死亡前没有任何症状或慢性病,尸检也无任何疾病或生殖功能紊乱的情况下,产蛋的第二天即可暴毙身亡——完全就是过劳死。

过劳死在叠笼养、铁丝舍养、板条地面舍养系统中的发病率明显高于在深垫草鸡舍里。因此,此病有可能与营养因素相关。

现代蛋鸡只不过是一部高效转换机器,将原材料即饲料转换成终产品——鸡蛋。但饲养要求却变低了。

白色来航鸡一直是高度紧张、神经十分过敏的动物,是当今商业鸡群的主力军:

闭锁育种必然会涉及到某种程度的同系繁殖,同时强化的不仅是优良性状,也包括无用或不良性状。当然后者有些可以淘汰,有些则淘汰不了。

1962 年 10 月 18 日的《家禽世界》上,该刊的一位通讯员指出了为特定目的而实施的密养环境下闭锁育种的另一大风险:

假如除了美好的地球之外,家鸡的所有需求都能得到满足,我觉得,密养家鸡没有理由不大获成功。但是这种做法有一个潜在危险,即这种环境下培育出来的品种只能在密养环境下表现良好。如果所有后代都要密养,这种做法也不太要紧。

叠笼养和深垫草或"群"养环境之间是有所不同的。这里的

---

① 翅号、笼号标识的个体产蛋记录可显示。

"叠笼养"指的是一笼不超过两只鸡的养法。所有其他密养系统都属于"群"养。

常识告诉我们，"群"养时表现差的鸡改成笼养时可能表现好。这种状态会被遗传下来。如果从笼养产蛋记录中选育鸡群，我们就可能培育出只能在笼养环境下表现好的鸡群。如果我们在"群"养产蛋记录中选育鸡群，我们就可能培育出只能在"群"养环境下表现好的鸡群。

当然，要固定这些性状可能要用很多代的品种培育，但用不着几年时间，不良后果即可产生。

肯尼迪先生怀疑鸡食也是构成蛋鸡的重要应激因素：

> 除非给种母鸡提供的日粮是种鸡级优质日粮，否则，种母鸡的孵化率不会达标，也不会从种鸡群里培育出健壮的鸡只。然而，商业蛋鸡却要靠吃低产种母鸡都不适合吃的日粮去保持较高的产蛋水平。
>
> 种母鸡所需种鸡级优质日粮含有全价氨基酸蛋白质和广谱维生素 B，以确保孵化用种蛋的产出与鸡胚胎发育的营养需求。而普通蛋鸡日粮里的营养要素远远达不到这个水准。

农业部在其宣传册《孵化与孵化场操作方法》(*Incubation and Hatchery Practice*)中也指出，足以满足一般蛋鸡营养需求的日粮，是满足不了种母鸡营养需求的，后者也就生不出适合孵化的合格种蛋：

> 商业蛋鸡靠多种蛋鸡日粮即可保持不错的产蛋记录，但不能由此产生误导，认为同样的日粮也能满足种母鸡的需求。这种日粮配置很快就会引起麻烦。不仅如此，种母鸡一直在生蛋的事实不能保证这些蛋哪怕在受精情况下也确实能出苗，这些蛋就算是出苗也不能保证苗壮且育成良好。常见的限定因素是种蛋的维生素或矿物质缺乏。要知道，有时营养缺乏可以达到引起我们对孵化率下降警觉的程度，但还达不到严重影响母鸡健康或生产性能的程度。

农业部宣传册接下去描述了营养缺乏对孵出的鸡苗的不良影响：

> 主要由维生素 B12 缺乏导致的动物蛋白缺乏可造成孵化率断崖式下降，并造成孵化出的鸡苗成活率进行性下降。缺少核黄素（维生素 B2）也可引发孵化率下降，以及呈水肿和结节状绒毛畸形胚发生率的增高。泛酸（维生素 B5）缺乏也能降低孵化率，且表面正常胚最后 2—3 天死胎的发生率会增高。生物素（维生素 H）、胆碱（维生素 B 复合体之一）和锰是鸡胚发育中必需的营养物，也可用于预防跗关节肿胀、滑腱症和骨畸形等症。急性生物素（维生素 H）缺乏可使第 72 到第 96 小时孵化期间的死胚率增高。吃英国鸡粮的母鸡似乎完全能够合成胆碱（维生素 B 复合体之一），因此，不易发生胆碱缺乏症。

1962 年 11 月 22 日的《家禽世界》上，A. C.摩尔（A.C.Moore）就蛋鸡无明显原因产蛋率从 70％突降至 20％的问题，给出以下意见：

> ……被逼至产蛋极限。小母鸡饱受着诸多压力折磨。
>
> 我考察的鸡群越多，我越发确信蛋鸡的产蛋率正在超越其生命力。目前正在努力开展保蛋数、增蛋重的生产，以上病症、恶疾会越来越多。
>
> 最近我去一家密养蛋鸡场参观，大喇叭高声播放着的连续不断的刺耳噪音是专门给鸡听的，目的不是为了让音乐刺激产蛋，而是为了提供一种持续的噪声。
>
> 喂食与供水都是自动化的。每年空舍时做一年一度的大扫除。因此，除了每天一小段时间里有人照看外，其他大部分时间里是没人管的。外面传来任何异样的声音或突然有人迈入鸡房都会造成鸡的高度紧张，进而影响到蛋产量。
>
> 今天人们想方设法把鸡变成下蛋机器，可想而知，鸡正在被神经紧张症折磨着，想不这么认为都难。

自动饲喂对鸡还会带来一种危害。布朗特博士在他的《叠笼式蛋鸡饲养》(*Hen Batteries*)一书中提醒人们注意,即便是使用了自动化设备,也有必要密切观测设备的运行状态,保证料槽处于饱满状态。否则,在他看来,"母鸡会得一种焦虑综合症。头低不下去,因而也就够不到料槽,吃不到料时,就会惊慌失措,就会前爪刨笼,且头扬起得越来越高,最后也就越来越够不到料"。

叠笼养殖户担忧的不光是笼鸡疲劳症。过去十年中,除了疫情发生之外,其他一些病症的增长也很快,引起人们不安。叠笼养殖房里死亡率平均高达12%—15%,若包括淘汰的赖鸡、濒死鸡,此数据可高达20%。这可是一大批鸡啊。看上去,消化系统疾病就占了死鸡病因的15%,而这当中有一半是肝病造成的。脂肪变性症是笼养鸡的常见病,这类鸡常因供料过多而吃得过胖。1/6的鸡死于生殖系统的紊乱。排泄系统疾病发病率增速很快,肾炎有时达到流行性规模,被称为"母鸡病"。各种各样的恶性肿瘤也构成死亡病例中的很大比例。根据布朗特博士的记载,有一家饲养单位,一年里记录的恶性肿瘤的发生部位包括心、肺、卵巢、输卵管、肾、腿部肌肉、肝和腹腔。他认为,产蛋量的增加与禽某些型白血病综合症的增加以及生殖系统疾病的增加,三者之间有关联性。他也发现蛋膜炎的增长与夜间照明过多有关。

当今疾控的目标主要是治病不是根除病因。这可能是因为蛋鸡只下一年蛋就"下岗"了,代之而起的是一批新鸡上架开产。而从前的蛋鸡要"服役"两年甚至三年。一年产蛋期末的最后六周换羽期蛋鸡,若继续养下去完全是一种浪费,因为鸡在那段时间里不产蛋,白白浪费饲料与劳动。

美国康奈尔大学家禽饲养管理系赫特(Hutt)博士(哲学博士、科学博士)在一次演讲中就养鸡死亡率问题发表了下列看法:

……美国养禽业的疾控体系由疫苗接种与用药组成。

赫特博士指出,该种疾控方法的普遍采用已造成饲养管理水平的普遍下降。以他的意见,当完美的饲养管理与规范的技术操

作扑灭不了疫情时,再去诉诸药物。(《家禽世界》,1961 年 10 月 12 日)

尚未提到的蛋鸡密养的一个特点是常需使用杀虫剂来杀灭蚊蝇与寄生虫。关于杀虫剂与药物使用问题,本书后面章节会有更多讨论,此处只略微介绍一项旨在测试系统杀虫剂效果的研究(《农夫与养殖者》,1961 年 8 月 29 日):

> 持续给鸡喂选用的杀虫剂,你觉得会发生什么情况? 近几个月里有一项测试试图回答这个问题。毒性的表现方式,不出所料,包括死亡率高、产蛋率低、生长滞缓或体重下降。试验鸡连续喂杀虫剂 29 周后。奇怪的是,有些鸡活了下来,向我们"讲述"她们所经历过的一切。

产蛋量增长后,蛋质成为了头疼的问题。软壳、薄壳、苍白黄、水样蛋白,都是出现的问题。软壳、薄壳,可通过改善日粮来解决。模拟土鸡金黄蛋,可以通过喂食干草来改善。如果嫌贵,可以给鸡喂黄色素(食用级)。在澳大利亚,养殖场可以收到一笔金黄蛋保险补贴。我国各地的一些加工厂也准备实施这种保险。家庭主妇们直觉上都是好奇心极强的一类,她们会敏锐地觉察到,她们以前熟悉的鸡蛋质量比现在的苍白黄继承者强多了。土鸡蛋的信誉在她们心中根深蒂固,难以扭转,她们不管花多少钱也要买土鸡蛋。这就是人们为什么要极力模拟土鸡蛋的原因。蛋鸡们别无他择,只能尽力配合,任凭主人摆布。"严厉的断喙限制了鸡啄食钙质沙粒,很容易因此导致劣质蛋壳的出现。"1963 年 1 月 31 日的《农业快报》中的一篇报道做出以上的评论。

1962 年 9 月 22 日的《家禽世界》刊载了其通讯员 A. C. 摩尔的评论:

> 所有关注养鸡业的利益、同时也关注针对家庭主妇的鸡蛋销售额的人们,都应该注意到,相对于蛋白量的增加,蛋黄量在减少。
>
> 我太太炒蛋前往碗里打蛋时常常提醒我注意蛋黄有多小,或

把她掰开吃的煮白蛋推到我面前让我看里面的小蛋黄,此时此刻,我都感到羞愧难言。

多年前,在切开煮白蛋的上部时,很难切不到蛋黄。而现在得在超过蛋长四分之一处下刀,才能切到蛋黄。

几周前,我准备了一桌沙拉晚餐,其中包括几十枚煮白蛋。切蛋时,我发现有些蛋的蛋黄不过有核桃仁那么大。

当我任英国蛋营销委员会第三区域委员会(British Egg Marketing Board Regional Committee)成员时,我曾向该委员会的技术顾问提出过蛋黄变小的问题,并问到是否可以好好研究一下相对于不同大小的鸡蛋的蛋黄的实际重量究竟是多少。截至目前,我还没有看到有这样的报告问世。

许多家庭主妇们跟我讲,需要同样重量的蛋黄时,过去只需打两枚蛋,现在需要打三枚蛋……

……我认为,现在的蛋鸡产蛋量过大,造成蛋黄还没发育成熟就从卵巢排出来,并且卵在输卵管内流速过快,也不利于蛋黄大小的改善。

但是,"鸡蛋质量到底出现了什么问题"?1962年10月4日的《家禽世界》刊登了一篇以一个问题为题的文章。

西里尔·索恩伯里(Cyril Thornber)先生上周于英格兰肯特郡比尔斯特德市召开的肯特郡蛋产业者协会(Kent Egg Producers' Association)会议上说,鸡蛋内部质量问题曝光太多,前景堪忧,"我不想看到我们像美国人那样对这个问题纠结不休"。

他继续说,美国人越是纠结这个问题,蛋产其他方面的进步就越慢。蛋白质量最上乘的蛋的孵化率最差。这实在是一个卡脖子的问题。美国人很可能蛋质上去了,鸡苗价格也可能上去了15%。

在他看来,英国鸡蛋的蛋白蛋黄质量还是令人满意的,目前再继续拔高质量的最好方法，就是缩短蛋场与市场之间的流通时间。

美国科学家赫特觉得继续提高蛋质抵消不掉由此产生的额外成本（《家禽世界》，1961 年 10 月 5 日）：

> 在我国所做两次讲座的第一次中，美国康奈尔大学动物遗传学教授，E. B. 赫特博士（哲学博士、科学博士）从养殖者的视角讨论了蛋质问题。赫特博士问道："养殖者能否在提高蛋质上有所作为呢？"他自问自答，"当然能，不过，最后还是回避不掉一个核心问题，那就是，这样折腾是不是划算。"

> 赫特博士又回到鸡蛋内在品质问题，他指出，这不完全是养殖者的问题。鸡蛋储存不当，蛋白品质也会下降。品质起点高的蛋品质再下降时其速度也最慢，尽管这话一点也没错。但是，在产蛋率与蛋质之间还是存在某种关联。

> 这里面有一个麻烦是，鸡蛋营销专家对蛋白品质的强调有些过火。他继续发问，"如果家庭主妇都不在乎蛋白品质低的蛋，为何还要劝止她们，而自己给自己挖坑呢"？

> 蛋黄颜色不决定于养鸡人，而是决定于养鸡人给鸡吃的鸡粮。要想改变蛋的化学成分，只需在鸡粮中添加些营养物即可。但是，这种做法划不来。譬如说，你可以通过强化饲料添加，生产出富含维生素 A 和 D 的蛋，但是，你不会因为你的维生素超级蛋而多收到消费者的一分钱。

有一位养殖者说出了下面的实情（《家禽世界》，1962 年 6 月 14 日）：

> "我做蛋鸡养殖，不过是为了赚点钱。如果能挣到钱的话，我就尝试一下这样那样的方法。我自己所有要说的，也就这些。"

> "至于我的蛋不够好看，这不是我关注的事。我只管付给蛋委会（Egg Board）佣金，他们给我卖掉好了，我为什么要操那份心呢？"

"所以我不在乎我的蛋品质上不上乘，外观好不好看。我担心的只是我的蛋能不能通过蛋品分级机。"……

离开这个地方时，映入眼帘的是一座罗德岛（Rhodes）的家畜栏圈，它镶嵌在一个隐蔽的角落里。旁边人暗示给我说，他们养的"是特供自家吃的"！

看完了这最后一段，我眼前浮现出一幅图画：农家大院里，土鸡在后院里散放着，觅食着。这些就是"特供自家吃肉炒蛋的鸡"。我这回明白了"痴迷"的家庭主妇为何要"翻山越岭，千里寻觅"她们心目中的优质鸡蛋了。

鸡蛋消费量持续上升，以应对产值过剩。畜禽饲料配给制度于1953年解除，开始敞开供应。当时，据估计，全国人均每年吃200枚鸡蛋；1957年，是222枚；1959年，是240枚；1960年，是250枚。五花八门的营销套路与广告宣传在引诱人们多吃鸡蛋。"吃蛋上班乐如仙""早餐一蛋，快乐一天"都是耳熟能详的标语口号。有一部很有名的电视系列广告，主人公是一位假想的传统国家里的老农，操着一种很招人喜爱的、浓重的乡音。在当今商业蛋生产的时代里，那种画面与配音显得有些虚幻。在这部系列广告的前几集里，出现了这位老农在灌木篱墙脚下捡拾鸡蛋的镜头，很明显是给城里的居家太太们看的。也许，现在的居家太太们不像一开始人们想象的那样好忽悠了。屏幕上，赏心悦目的艺术上的传神之笔很快被切换到了阳光灿烂的户外大农场的场景，毫无疑问，这是在用这种委婉的艺术套路，来打造一种高品质与美好的印象。

《农夫与养殖者》给在自家大门口摆地摊卖鸡卖鸡蛋的小养殖户们提供了这样的建议，其中不乏反讽的意味：

在全国各地许多铁丝网和板条地板式小型养殖户中，只养百十只的养殖户打算自鸣得意地围观马上来袭的蛋业重新洗牌中的整合战、收购战。对小型养殖户来说，他们可以规避"人为刀俎，我为鱼肉"的残酷商业竞争。相反,在大门前支起一块"鸡蛋有售"的牌子,他们一样能把生意做得红红火火,且不用烦在售鸡蛋蛋级如何,为自家母鸡已经给自己下的蛋打上了商标而放心,为这样的土鸡蛋必受追捧而自信。

对直销方式三心二意、慵懒无为的态度一点也划不来。此时,完全可以竖起一块漂亮的招牌,随意提一提你的蛋是山坡或后院散养的土鸡下的,从大篮子里挑鸡蛋时一定要当着顾客的面,篮子里要有几缕稻草、一两支羽毛在蛋堆缝隙中游来游去。只要做到这些,一只蛋立马就能多卖六便士。

但是,这种方式不太持续。很多人有可能采用这种旱涝保收的妙招。但是,如果你能把鸡蛋篮子里的蛋一个个掏出来,重新用吸引人的包装盒包装起来,那么,你就赢了。(《农夫与养殖者》,1961 年 4 月 11 日)

但是,英国杜伦大学农业经济学家 W. G. R. 威克斯(W. G. R. Weeks)先生却说,目前要应对产能过剩问题,必须采用美国策略(《农业快报》,1961 年 12 月 21 日):

鸡蛋对人体健康的价值——"对女孩有美容功效,对男孩可促进肌肉块增长"是面向青少年人的鸡蛋促销两大主题广告词。

在美国,图文并茂的鸡蛋纸板箱上印有儿歌加卡通人物,专门吸引小朋友们。

这些营销手段已大获全胜。目前,加工厂商正在为专供年轻消费者的小型蛋货源缺乏而发愁。

从早餐食品制造商那里借鉴来的营销点子是,在品牌鸡蛋包装里放入系列塑料玩具赠品。

在 1961 年 12 月 1 日的《农民周报》上,威克斯先生继续写道:

美国家禽鸡蛋全国委员会(U.S. Poultry and Egg National Board)在使全职太太提高食用鸡蛋意识上做了实实在在的工作。

他们的常用广告宣传案例有："所有美食仅含 77 卡路里！"展示的是两个豪华的水煮荷包蛋和一堆熏肉条。"鸡蛋——婴儿与儿童的超值营养！"画面是一位漂亮的妈妈和一位活泼的宝宝一人一个在狼吞虎咽地吃着鸡蛋。最后一条宣传广告是"吃啥食物，有啥体格"，主题表演者是一位苗条的主妇，正在优美地品尝着一根三蛋西式蛋卷。

刺激光照明和黄昏光照明并不是仅有的令追逐利润的养禽者欢欣鼓舞的科研项目。《农业快报》(1961 年 5 月 18 日)登载了一篇题为"无冠鸡，下蛋多，获利多"的文章说，"鸡冠被切除的母鸡下蛋多，食量小，利润大……"

其他两个因素也引起了人们的注意。切除冠垂的鸡到了冬天比对照组要有优势。对照组鸡在冬天液体摄入量下降。

其实这两个因素是互相关联的。鸡到冬天不喜欢用肉垂蘸水，因此，其液体摄入也就会随之下降。而另一方面，气温超过 80 华氏度时，无冠无垂鸡受苦最多。切除鸡冠与下颌肉垂后，原有散热机制也会部分受损。

去冠术的其他优点还包括，鸡因为不再有肉乎乎的鸡冠挡眼睛，性格变得更加温顺了。

去冠鸡，尤其在铁丝笼里，也不易受外伤。

有些美国孵化场以略高一点的价格提供几日龄的去冠雏鸡。手术是用一把弯曲指甲剪完成的。

即便最好的饲养管理也难于让有些鸡双双"同床共枕"。遇到这种情况，可以给这对鸡分别都带上眼镜。到了该摘下眼镜的时候，她们就可以住在一起了。(《家禽世界》，1962 年 12 月 27 日)

我们已经看到，集约化蛋鸡养殖场的主要目的是把母鸡变成一部单位时间里产蛋越来越多的超高效率的机器。至于该部机器与鸡有何关系，从根本上讲，真的没有什么人去更多理会。

1962 年 12 月 23 日的《农夫与养殖者》发表了一篇以"恐怖的事情正在发生"为标题的文章,文中说:

> 农业部禽业总咨询师鲁珀特·科尔斯博士在伦敦召开的一次英国制油与油饼厂(现已不存在)大会上的讲话里透露了一个消息,现在英国正在试验用母鸡与日本鹌鹑杂交的方法来进一步提高鸡蛋产量。一只鹌鹑消耗很少的饲料即可产出大量的小型蛋,本试验的目的就是把鹌鹑多产性状与母鸡产大蛋性状结合在一起。

> 科尔斯博士说,还是有一些问题需要克服,其中包括首次杂交不育性问题。但是他又说,可能性还是存在的。

> 家禽育种业目前已出现科尔斯博士所说的"令人恐怖的进展",这一点在悉尼召开的世界家禽代表大会(World's Poultry Congress)上曾经有人做出预测,对此,科尔斯博士又继续进行了评论。有人提到对几日龄的鸡雏进行放射线照射,以期彻底改变其生物学性状。利用这一技术,不管亲代如何,只需要用辐射线照射雏鸡即可培育出任何种类的蛋鸡。

> 另一种育种可能选择就是充分利用孤雌生殖法,亦即单性生殖法,使用此法时,公鸡已经没什么用途了。还有一种说要给母鸡注射激素,令其每隔六个小时下一个蛋,六个月里一共下 350 个蛋。

> 科尔斯博士说:"这些都不是幻想出来的场景,相当多的科学家在这次世界家禽代表大会上现场汇报这些在研项目。"

1962 年 9 月,市场又出现了透明塑料包装蛋,一来方便向主妇们展示鸡蛋有多新鲜,二来也可以不拆包装就煮蛋。当然包装不易破损也是一大卖点。

这么多富于创意的营销策略能让深谙经营之道的蛋委会把所有鸡蛋销售一空吗?还是说有策无效,面临着产蛋过剩,蛋品滞销呢? 1962

年 6 月 28 日的《农业快报》做了如下报道：

> 蛋委会（Egg Board）的冷库里目前有价值数百万的无壳液蛋，这就意味着有 1500 万—2000 万打有壳蛋遭遇了卖蛋难现象，而且滞销数量还在上升。
>
> 去年英国从波兰进口了 1666.2 万打鸡蛋。数月以来，蛋委会每周都要下架成千上万打有壳鸡蛋，然后将其打碎储存起来。
>
> 国产蛋已足够满足有壳蛋市场需求了。
>
> 为防止产值过剩，价格下滑，蛋委会一直在通过液态冷冻一部分蛋的方法来强化有壳蛋市场。
>
> 去年四月，蛋委会冷藏了价值 200 万英镑的冻蛋。今年，一位该委员会的官员说，存储量高于往年。

1962 年 11 月 6 日的《农夫与养殖者》向人们发出警告：

> 养禽业面临严重的产值过剩风险。总产高于去年 13%，而有壳蛋销售量只增长了 6.5%，余量正在加工阶段。此种形势与 1959 年的状况在许多方面有点相似。当时，英国鸡蛋销售委员会主席 W. J. 韦尔福德（W. J. Welford）先生以个人名义发表了一封给养殖户的公开信，呼吁缩减生产。现在看来，这一当时倍受吐槽的"冷饭"马上就要端出来"重炒"。
>
> 尽管事实上来自进口冻蛋严酷的竞争对国内蛋价影响很大，但是，库存账目显示，今年 3 月末的加工蛋储量与 1961 年相似。但是，英国鸡蛋销售委员会官员并未透露据说高得令人尴尬的具体库存水平。

当下，全国各地集约化养禽业者中间到处都弥漫着一种沾沾自喜的气氛，自以为是地认为自己效率很高。其实，纳税人仍然在为鸡蛋补贴掏腰包。差别化补贴比例即是当年《价格评估》（Price Review）提供的固定每打保障蛋价与蛋委会测算的销售价之间的差。1961—1962 年初，保障价为 3 先令 8.63 便士（旧制），估卖价为 3 先令 3.2 便士（旧制)。那么,补贴即为 5.43 便士。然而,到了 1962 年 3 月,鸡粮价上涨,使得补贴又增加到了 8.09 便士(旧制)。到了 6 月份,该补贴又回落到每打蛋 7.49 便士(旧制)。到 1962 年 3 月 31 日,该年总补贴为2090万英镑。

1958 年养殖户每打鸡蛋从大蛋到小蛋可得从 4 先令 6 便士(旧制)到 2 先令 8 便士(旧制)不等的收入。而到 1961 年,大蛋每打收入3 先令 9 便士(旧制),小蛋只有 1 先令 7 便士(旧制)。这成为产能过剩的另一风险。

而一年到头辛辛苦苦下了一年蛋的母鸡会是什么样子呢?由于缺乏运动,她们变得膘肥而肉软,正好当餐桌鸡卖掉。植物委员会(Plant Committee)评论说,专门培育的轻型蛋鸡其餐桌鸡价值大打折扣。这类鸡多数最终去了食品加工厂被当成原料做成各类鸡肉食品。

在产蛋期过后,对于如何处理这些轻型杂交蛋鸡,很多养殖户都不知所措。许多养殖户发现它们成了鸡肋,鸡胴卖不出价来,因此犯不着再把它们推到市场,于是,便就地埋掉或焚烧。做成烧鸡分量不够,送到肉鸡场续养又太老。但是,1962 年夏天却有两家肉鸡加工厂开始把它们当成肉鸡加工。其中一家厂将它们美其名曰"雏肉鸡"。另一家建议将其用作宠物食品。然而,1962 年 8 月有报道说,这些过气高产蛋鸡只能给养殖者带来每磅 6 便士的回报。1963 年 1 月 31 日的《家禽世界》强调了这种蝇头小利的严重性:

> 在战前时期,替换下的蛋鸡还能换回一些钱,经常全额抵顶替补鸡,但是,今天两者之间至少有 10 先令的差距。
>
> 他说,对多年来慢慢形成与发展起来的形势的严重性,人们几乎没有注意到。他声明,靠 1000 只蛋鸡每周赚 10 英镑的鸡蛋生产商,必须每周额外安排 10 英镑来支付蛋鸡的补损。
>
> 这就意味着,这位鸡蛋厂商如果每周不能赚到 20 英镑,他就会靠吃老本来求生。

　　试问,此种残酷商业竞争是不是值得? 现在的竞争机制所带来的效果就是,充斥整个市场的鸡蛋越来越多,越来越便宜,越来越小,品质越来越差。但是,这是大众消费者所需求的吗? 养禽业尽到了最大限度地为公众的最大利益服务的义务了吗?

第五章　小肉牛

　　动物饲养管理都有个不可避免的特点,那就是动物生育的子代雌雄两种性别在数量上大约相等。接下来的问题是,饲养奶牛可以用来取得牛奶产品,那么,饲养小公牛可以用来取得什么产品呢?因为牛种培育一直瞄准开发其产奶潜力,所以,许多奶用品种牛产下的公牛也不太适合做肉牛。据估测,英国每年没有利用价值的多余小牛(也叫"博比"小牛),多达 80 万—100 万头。

　　这些小牛究竟遭遇了什么?

　　首先,他们的死亡率很高。

　　每年都有成千上万的小牛没到几周龄就夭折(《农业快报》,1961 年 9 月 7 日)。如果他们都能幸免于难,存活下来继续得到饲养,那么,每年英国光进口牛肉一项即可节省多达 5000 万英镑。造成这种浪费的元凶就是现在实施的市场营销策略,且在此策略的操控下,牛在最没有抵抗力的时候受到了最残忍的虐待。

　　小牛既是一笔财产,又是一种负担。这就必然要导致损失,这就是造成这种浪费的深层次原因。

　　小牛在运输与市场上所处的环境是十分恶劣的,那些不想被淘汰或直接利用,而是专门买来继续饲养的小牛,也逃不过这种威胁。许多农民视这类小牛为鸡肋，牛还空着肚子就被运到市场卖掉，买主买回只能宰杀吃肉，别无他用。

"摆在市场上卖的许多小牛看上去极度瘦弱，以至于查看者怀疑在离开农场前究竟喂没喂料。"1960 年秋《大学动物福利联合会通讯》(*U.F.A.W. Courier*)编辑部的一位兽医如是说。

小牛从一出生或刚生下几天就遭受母子分离。他们常常在"饥肠辘辘"的情况下，就被捆在卡车的后货斗里运到市场，饥寒交迫，任人摆布，动不动就会遭到市场上拎着棍棒、靴子上又带着钉子的牲畜贩子的棒打脚踢。不管是牲畜贩子还是他们的助手，似乎都注意不到这些小牛的痛苦。成人们的虐畜行为，孩子们也跟着模仿。他们猛力击打着牛栏的栏杆，每次胆怯地下手时，都爆发出阵阵笑声。栏内的小牛躺在那里，暂时对自己的命运一片茫然。

挨过了市场煎熬期以后，有些小牛又被拉进寒冷、拥挤的大卡车后拖斗里，运往几百英里以外的肉牛中心，在屠宰车间里等待他们最后的归宿。待宰时间不超过 12 小时的牛一律不必喂食。

就这样，这些温和的小生灵的生命终结于屠夫的刀下。从生到死这几天内体验到的没有别的，只有在我们人类拨弄之下的饥饿和恐怖。他们的胴体以一二英镑的价格卖给了牛肉加工厂，用做馅饼、牛肉罐头、炸肉片和肉酱的主料。或者卖给皮革厂，他们将小牛的嫩皮加工成皮手套和皮鞋再换回点外快。

有些农民亲自收购小牛，这样一来，小牛运到农场的过程中就不会遭受寒冷与野蛮押运。现在，许多地区都建立了"牛库"，农民可直接从其他农场购牛，同时也觉得放心，因为他们买的小牛不但能避开奔赴市场的颠簸与折磨，也不容易因受寒与害怕而致抵抗力减弱，进而感染疾病。

现在所谓的"优质牛肉"贸易给予下面这些小肉牛三个月的免死期——小肉牛，以及同样较为精心饲养的其他小牛，尤其是轻型奶牛培育的犊牛、弗里赛奶牛以及埃尔郡奶牛和海峡群岛奶牛。本行从业者，与其他所有集约型农业生产从业者一样,常常被警告说,尽管人们一般从小肉牛中选牛,而不是从更加昂贵的饲养牛群中选牛,但是要选就必须选择眼睛亮晶晶的、健壮的、活力四射的、精神焕发的犊牛。虚弱的犊牛适应不了后来的艰苦生活。

几个世纪以来,英国牛肉产量非常低下。直到 30 年多以前,小肉牛的惯用饲养方式还是吃六周奶后出栏送屠宰场。在那个时代里对浅粉红牛肉的需求就已经很大了,当时的牛犊出生两周后,就在其颈静脉上割开个缺口,令其血液全部淌光。

> ……就在不久以前,艾塞克斯郡的肉牛户还在给小牛喂黑胡椒面,小牛受到刺激后吃奶就会更多,14 天后放血,其肉质就更加白而鲜嫩。(《农夫与养殖者》,1960 年 9 月 13 日)

肉牛养殖户常常就使用这种无用的、原始的割脉放血法来迎合公众对牛肉品色的需求或养殖户预测中的公众对牛肉品色的需求。近年来牛肉业的技术创新与进步的目标都瞄准肉色越来越白的牛肉。

对这种肉色牛肉的追求是否合理或其合理程度如何,对这一问题,后面章节将另有论述。这里专门讨论一下用来生产这种超白牛肉的技术问题。

在欧洲大陆,尤其在荷兰,100 多年来,养殖户一直用特殊的方法生产白牛肉。完全用全脂或脱脂的牛奶喂牛,年产成千上万头小肉牛。因为这种“膳食”不科学,缺失营养,所以造成的损失也非常严重,其中的控制问题如今尚未得到充分的解释。

然而,在最近十年里,牛奶代用品已在荷兰取得了专利,使得小肉牛饲养成本降低到了全乳“膳食”饲养成本的三分之一。在此基础上再添加某些矿物质与维生素后,小牛宰前死亡率也下降了。从此以后,肉牛养殖才真正获取了经济价值,现代意义的牛肉业也应运而生。

在此之前,荷兰的肉牛业跟英国一样,一直受到那些匪夷所思的养殖法的困扰。犊牛的畜舍条件令人毛骨悚然。

小肉牛被关在一间非常小的牛舍里,四周堆满了谷草,通常是一个箱型牛舍,小牛们互相挤在一起,被谷草包围着(巴克[Bakkes]博士,《兽医记录》,1960 年 8 月 27 日)。牛舍总是挤在漆黑的角落里。每个牛舍箱的顶部常常又盖了个盖子来遮光,盖子上开了几个孔,便于小牛呼吸。此种"静止暗养法"的理论根据是:久立不动、久卧不动可加快生长速度,黑暗有利于产出白肉——后者依据可能来自对暗室栽培的植物颜色发白现象的观察所得……

在另一文献中,有人谈到了组织更为复杂的牛舍:

以前,所有荷兰肉牛舍都是处于黑暗环境里的,只有在喂食时才开灯。现在有些仍然是黑暗的,结果,突然一开灯,上百头小牛,如果它们一直能够有地方处于躺卧状态的话,就会同时挣扎着站起身来,齐刷刷地把头探出喂料孔,够向料槽,因为料槽对他们来说是除了呼吸以外唯一能够分神散心之处:整个场景让人感到特别悲惨和可怜。(《农夫与饲养者》,1961 年 9 月 13 日)

英国的"割脉放血法",荷兰的"静止暗养法",都是脑残的产物,也是忽悠大众的套路。但是荷兰人是百折不挠的民族,通过反复试错,最后成功打造了庞大的产业。荷兰现在的肉牛年存栏数已达 40 万头。除了少数内销外,大部分出口到法国、德国和英国,每周出口给以上三国的胴体达六七百只。我国肉牛产业完全是在模仿荷兰方法的基础上发展起来的,其中模仿的过程可以说是瓦玉集糅、龙蛇不辨。

一开始,英国养牛户从荷兰进口牛奶代用品,后来这种代用品实现了国产化,成为三月龄小牛屠宰前的唯一"日粮"。据我了解,此法饲养的国产肉牛的胴体是假冒荷兰肉牛胴体上市的"山寨品",原因是英国肉牛仍然跟小牛撇不清干系,要知道,小牛往往是形销骨立,无利可图的。目前我国每年生产约 2 万头小肉牛,分别产自全国各地约 40 家大小规模不同的农场。

像荷兰人一样,我们也是一头雾水地搭上了不同种形式的动物工业化快车。

《农夫与养殖者》(1960 年 9 月 13 日)的一位编辑做出了如下评论:

> 小肉牛养殖业应该是最后一个实现产业化的农业生产过程。直到最近它仍然以个体养殖户的生产方式为主,或者是奶牛个体户的兼职副业。不过,现在犊牛已经跟奶牛、腌肉猪和蛋鸡一样,走进了某种意义上的农业工厂。

> 肉用型犊牛或早期菜牛(养殖月龄大一些的肉牛)一定会出现,只不过是时间早晚的问题。但是,现实风起云涌的肉牛业的发展浪潮向人们展示的却是我们对犊牛知之甚少。

> 小肉牛的相对生长速率是多少?吃什么样的"配餐"长价值不大的内脏,吃什么样的"配餐"长更有价值的肌肉?断奶期前和反刍初期的初生犊牛的适宜饲养温度分别是多少?杂交活力对盈利有多大贡献?

> 方方面面都有问不完的问题。有些可部分得到回答,有些暂时无解。

英国养殖基地肉牛品种单一,唯一的牛源就是小牛。所有的饲养管理环节都瞄准这唯一的生产目标,也就是 12—14 周龄时活重达到 220—280 磅,胴体重达到 140—170 磅。荷兰养殖户的牛源是红白花或黑白花弗里赛牛,入栏价格较高,超过 15 英镑一头,但是这种牛增重快,出栏重量远超英国小牛饲养后的出栏重量。

R.特罗-史密斯(R. Trow-Smith)在《农夫与养殖者》(1960 年 9 月 13 日)上撰文说:

> 我故意使用"制造"这个词,原因是牛肉生产已经工厂化了。从此不再需要土地,有一位荷兰肉牛食品制造商跟我讲,"在自家厨房后区就可以开设一家微型肉牛厂"。

从某种意义上讲,这些就是我调查肉牛业得到的第一印象。牛舍建筑格式多样,有的建造科学,保温层做得好,属于环控型牛舍;也有的是大型奶牛棚,还有的是波纹铁皮一面坡牛舍。舍内设计也同样是形形色色,反映出业主对好牛肉是如何产出的个人理解或个人理念。

我所参观的最糟糕的牛舍是四边坚实的板条箱式牛舍,宽约 22 英寸,深约 5 英尺,刚好容得下一头小牛站立,除非卷曲身躯,否则很难躺下。这还不算,板条舍的底面也是板条的,加之空间狭小,犊牛几乎动弹不得,不动不舒服,动更不舒服。一天里只在两小段时间里,前遮板被拉下,犊牛开始看到一些亮光,并开始吃食,除此之外的所有时间里,犊牛一直站在黑暗中。我们一踏进牛棚,农夫随手立刻开启了灯光,牛舍里立刻出现一阵阵骚动。农夫必须用舒缓的语气嘟囔几秒钟来安慰犊牛,然后才敢拉下遮板。这时,我们清清楚楚地看到了眼前这头犊牛,他把眼睛睁得大大的,脸上带着那种凄苦的表情。见此情景,农夫略感不安和不自在,但是嘴里还是自己给自己打气,喃喃自语地说,小家伙出的肉质量很高级。第 151 页图 1 的照片拍摄的是犊牛已在灯光下呆了一会儿,并且平静了下来的场面。说句公道话,这是一个尝试荷兰养殖系统的实验基地,在其他许多方面该农场还算是模板,并且展示出人们对动物还是很热情、很关心的。

我觉得在这个国家里没有多少农场会让这种极端的情形大行其道。使我们脑洞大开的是这同一家农场在他们的牛肉生产宣传册上竟然写道:"犊牛必须在板条箱舍里并在完全黑暗环境下饲养的观念是十分错误的……"

还有一家农场里,犊牛是排一横排站在一个木板条平台上的,牛头夹在两根立柱之间,只能滑上滑下,不能往别的方向移动。他们躯体可以滑向板条地面,并顺势躺下,但他们的脖子却仍然被无情地夹在两个立柱之间。也就是说,他们一生只能用上述这一种姿势来休息。这让我想起了整个排成一排的犊牛也都用同样的姿势来休息。这些犊牛浑身上下脏得一塌糊涂,而且被乱哄哄的蚊虫团团包围、轮番叮咬后露出痛苦不堪的样子。他们的后腿乱踢乱蹬,极力摆脱蚊虫的骚扰,可是无济于事,全身各处的痛痒没怎么减轻。

粪便污物沾满全身的犊牛会感到十分不舒服(《兽医记录》,1960年8月27日)。健康的犊牛大小便时会翘起尾巴,而这些犊牛身体虚弱,无力自我保洁,自然浑身弄得脏兮兮的。

相反,另有一家示范农场,牛舍的条件看上去却很完美。面积大约有20平方英尺,干草垫草很舒适,完全设在一个大畜棚里,有较大的开口,一缕缕阳光从开口处像山上流淌下来的一条条溪流一样照射进来。一牛一舍,或两牛一舍,后者的面积也翻倍。舍内条件跟紧邻的要养到更大月龄才出栏的菜牛舍没什么明显不同。铺设新鲜垫草时要在上面喷洒杰特消毒液,以防牛犊采食垫草。看上去板条系枥牛舍的条件舒服多了。遗憾的是,能使肉牛享受到这种舒适条件的农场少之又少。同样令人脑补的是在这家农场的宣传页上所写的话,"小肉牛应禁止直接接触稻草或干草,因为反刍行为会降低屠宰率……",而且还说,"阳光直射会使犊牛烦躁不安,因此应该加以禁止"。尽管这些禁令已被突破,他们家的犊牛还是获得了许多牛肉胴体比赛的奖项。

以上就是我所看到的最差的和最好的养牛条件。接着,问题就来了,向养殖户推荐的牛舍标准型又是什么样的呢?

1. 共用舍的面积要达到令所有犊牛能同时躺卧。犊牛有时可拴在栏边。

2. 在板条地面加前置立桩结构的牛舍里,犊牛应栓紧在立桩上。

3. 每间牛舍的两侧为板条墙,宽22英寸,进深4—5英尺,犊牛套在舍前部立桩上。

从清扫角度看,板条地面最实用,采用的人也最多。可是,我遇到的两位农民却用稻草做垫草,让他们的犊牛躺在上面,只在上一栏的牛出栏与下一栏的牛进栏之间的空档才打扫一次,并在旧草上再加垫新草。他们并不觉得一批犊牛出栏时清扫一遍的劳动量比用所谓易扫型的板条地面的清扫劳动量大。到了两周龄,为了保温和舒适,无论如何都要给犊牛添一些稻草。但是两周龄以后，犊牛就能一小口小一口地嚼稻草了，于是添加的稻草就要撤掉。个中原因，本章后面会有详解。

饲养管理建议也包括照明光线要柔和，均温控制在华氏 60°—65°之间，湿度不超过 70%—75%。其中，最容易管理、因此也是最流行的牛舍类型是 22 英寸单牛间，该单牛间侧墙为板条，以便犊牛能看到邻居，后部开放，便于打扫卫生。舍前装有支架，架上放置奶桶。犊牛脖子上套一个项圈，该项圈上又套了一只铁圈，铁圈的一端紧紧地绑在了牛栏前部的立桩上，这样只能容许犊牛站立或顺势滑到一种卧位姿势，而不容许犊牛回身或自舔体毛。有位农民告诉我说，把它们拴上的第一天，它们的抗拒反应十分强烈，不过马上就听凭条件的束缚了。在小农场里，犊牛不管有多大脾气，也只能逆来顺受。而在大的混合农场里，则有更多机会把受不了捆绑饲养的犊牛挑出来。有位农民跟我说："我把他们塞进要养到更大月龄的小菜牛群里饲养。"边说边指着一个带棚盖的院子，在那里小菜牛们可以自由地在垫草上漫游。在这家农场里，有逆反性格的犊牛明显运气更好。

在这个国家里，有些肉牛养殖户已试图采用一些新方法，寄希望于以此能抵消掉荷兰饲养法的最负面的效应。养殖户努力践行改善通风与保温的最新理念，在实施一舍两牛或多牛饲养时，给每头牛提供 10—12 平方英尺的面积，且不栓绑，容许牛自由活动。更新条件跟一般畜群没什么不同，唯一有些差别的是犊牛享受的牛均空间比拴束式单牛间的空间大了一倍，且犊牛能不必站在或躺在板条地面上，而是能享受到稻草的温暖与舒适。养殖者的初衷是好的，但是，我所参观的农场中除了一家情况还好外，其他农场都因为犊牛吸吮癖、舔尿癖等恶癖难于根治，而使得美好的初衷几近告吹。英国兽医协会（The British Veterinary Association）印制的宣传册《犊牛的饲养管理与疾病》（*The Husbandry and Diseases of Calves*）里这样写道：

> 几乎所有犊牛的日粮全是液态的，没有什么粗饲料，这种情况

下，犊牛很容易染上咀嚼癖、舔食癖等恶癖。浑身感染跳蚤的犊牛尤易发生舔食癖。在这类患牛的消化道里经常发现直径 0.5—2 英寸的毛发球。

一位屠宰工曾经给我展示他从一头小牛的肠道中取出的板球那么大的一个毛发球。"……预防措施包括提供充足的日餐，提前在日餐中添加固体食物，除此之外，定期刷洗也起到一定作用。"这些都是技术改良性方法研究，并未为养殖业第一线的农户广泛采用。犊牛吸奶的本能欲望非常强烈，养牛户能够采用的另一个唯一矫正方法——每顿喂食后拴缚一小时——也泡汤了。最终不得不召回当初他们放大招极力将其淘汰出局的"招数"，也就是单独圈养和永久紧密绳栓。

小牛肉生产的目标有两个，第一个是以尽可能最短的时间使犊牛最大程度地增重，第二个是尽可能使肉色变淡，以满足消费者的真实需求或预设需求。快速增重靠静养，因此，饲料能量只能全部用来增重，没有任何能量浪费于嬉戏追逐或其他任何形式的运动。小肉牛在 12 周内每天平均消耗 4 加仑奶料，而其他小牛平均消费 2 加仑奶料。小肉牛不仅耗奶量很高，而且奶中脂肪含量也高。小肉牛的奶代用品的脂肪含量为 18％—20％，远远高于脂肪含量一般只有 1％—2％的其他奶代用品，且相比于固体日粮，奶料料转率高得多，增重与交织在一起的生长和育肥过程融为一体。国家奶业研究所(the National Institute for Research in Dairying)的 J. H. B.罗伊(J.H.B.Roy)博士说：

> 在估测小肉牛增重的能量等效时，遇到的一个直接困难就是增重与育肥缠绕在一起，生长与育肥的界限模糊不清。生长涉及到蛋白质、灰分和水的沉积，而其中所含脂肪并不多。而育肥涉及到脂肪的沉积，而其中所含蛋白质并不多。但是，这两个过程可以同时发生在生长期的小肉牛身上。（《农场畜禽饲养的科学原理》[Scientific Principles of Feeding Farm Livestock]）

高水平奶料喂养也带来一些自身的特殊问题。代用品奶粉要与大量的水混合才能调制成可口的牛奶仿真品。因此,要想使得犊牛喝进的奶料达到最大化,就得引诱他们喝进大量液体,远超小牛们维持其静止不动状态下的实际需求。

而完成这项任务所采用的套路真是颇富创意,令人脑洞大开:

两次喂料之间,不给小牛供水。舍温保持在 65°F 左右,如遇高温天气,舍温还会更高。小牛在这种环境下就会因大量出汗、失去体液而感到饥渴。下次喂料时就会过量饮水,再出汗,再制造饥渴感,再过量饮水,如此循环往复。

1960 年 9 月 13 日的《农夫与养殖者》上有一段选文解释了这种现象:

> 荷兰人喜欢看到他们养的犊牛出汗,不是热出汗,而是像一位经常吃着太丰盛午餐的公司高管,吃撑出汗了。

J. H. B.罗伊博士对这个问题也发表了意见:

> 毫无疑问,荷兰人已取得共识,犊牛就应该多出汗,不爱出汗的犊牛就是坏犊牛。常识告诉我们,奶摄入量一定时,环温越高,犊牛出汗量越大;环温一定时,犊牛奶摄入量越大,犊牛出汗量越大。
>
> 由于荷兰人将出汗视为犊牛饲养已达最优化的标准,因此,对某一体重且不限量饲喂的犊牛来说,环温提高到该犊牛出汗时,就意味着该犊牛的最优化饲养状态已经出现,其最优化生产目标有望实现。提高环温,会直接提高犊牛渴度,进而也增强其食欲。

在部编小册子《犊牛饲养》(Calf Rearing)里,苏格兰罗维特研究所的 T. R. 普勒斯顿这样写道:"……犊牛到了入场待宰时,即 12 周龄时,每日可喝掉 4—5 加仑的奶料。为了让犊牛把这么多的奶料都喝完,必须禁止再给犊牛另外供水。"考虑到普通同龄犊牛每日消耗奶料总量一般只不过 3 加仑,可以看出该种饲养操作法是十分成功的。

增重问题,尽管牵连较多,但是相比于淡化肉色来说,前者的复杂性还是远远不如后者。后者涉及高度复杂的科学过程,其原理与方法需详加讨论才能搞清。它包括两个相互关联的过程:第一个过程涉及到阻断动物肌肉或其他肉组织的色素肌红蛋白的产生,第二个过程涉及到给牛饲喂可诱发贫血的"配料"。所有初生小动物的肉色都浅,而随着运动、进食与月龄、年龄的增加,肉色会逐渐变深。

如上所述,小肉牛被拴缚得很紧,唯一的运动就是脖子被拴状态下的站立与躺卧。禁止犊牛运动的原因多种多样。《大学动物福利联合会通讯》上一位兽医谈到了小牛肉生产问题:

> 饲养管理目标死盯以最短的时间将每一盎司的液体奶料转换成胴体重量。为了提高料转率,同时防止肌肉色素产生,对犊牛要严加拴缚,严格限制运动。(1960年秋)

拴缚还可防止犊牛发生吸吮癖、咀嚼癖、舔尿癖等恶癖。

吸吮癖是所有母子分离过早的犊牛共有的癖好。其他犊牛在上完奶料后会添一些干草饲料,或者在吃完奶料后至多被拴缚一小时。因此,这种怪癖也好治理。这些小肉牛则不一样,为了不让他们接触到粗饲料,就得把他们关在单牛间里,由于接触不到同类,吸吮癖也就不会出现了。

舔尿癖是料奶里缺铁引起的一种饲料营养缺乏性动物习性异常。小肉牛天性里有一种清洁意识。在这一点上,他们与猪有点相似。正常情况下,他们不愿靠近自己尿的尿。

小肉牛进食中所含哪怕是痕量的铁元素,都会引起肉色改变。因为稻草含有一定量的铁,小肉牛又渴望吃到含铁食物,鉴于这一点,只好在舍内禁草,并改用板条做地面。而此时的小肉牛对铁的渴望已经实在难以克制了,他们别无他法,只能舔食板条地面上浸渍的尿液。所以,小肉牛必须得用简短的锁链来拴缚,这样他们低头时才不会够到地面。以上这些是劳伦斯·伊斯特布鲁克在1960年6月4日的《新闻纪事报》上给出的解释。小肉牛农户一直想要根治这种怪癖，但是不补铁又治不了怪癖，而补铁，我们知道，又在忌讳之列，所以，到最后，唯一的出路就是采用拴缚法。

咀嚼稻草也会诱发反刍，反刍也在忌讳之列，关于这一点，后面还要加以具体解释。人们通常认为，板条地面的牛舍好打扫卫生。板条一天刷洗一次，犊牛自身也会保洁得更好。板条舍地的下面是坡形水泥地面，污物被清理到一个大槽子里，粪便很容易得到处理。但是，一位使用稻草的农户却这样说，用稻草作垫草，保温好，牛不爱生病。只需要在两批牛出栏与进栏的空隙之间搞一次大扫除。这就比经常刷洗板条舍更轻松一些。

我注意到，有一家农户用金属网来代替木板条，这样清洗起来就更省事了。至于金属网对犊牛有什么影响，目前测试结果尚少，因此，也没有能形成吸引他人效仿的势头。那位《农夫与养殖者》期刊社兽医是这样说的，在他看来，板条对犊牛来说没什么好处。而在我看来，脑子里已经形成了一个印象，小牛站在木条上面看上去很紧张，也很不舒服。

贫血

现在有人提议对时下流行的养殖法进行测试，以证明此法养出来的小肉牛是不是患有贫血症。该项提议多年以来一直处于风口浪尖，引发大量无情而激烈的争论。在我看来，这个问题涉及到小肉牛饲养的根子上的问题。它让人们开始怀疑这样生产出来的产品还没有资格作食品，如果产品成了垃圾食品，那么整个小肉牛业是不是也会随之慢慢消逝呢？对这一问题的论证过程不可避免要涉及到很多复杂的技术问题，因此，我的论述会有些冗长，望读者见谅。即便这里所述的养殖法确有一定的理由支撑，且在营养价值上也有利可图，但是，如果总成本中的份额、性价比、物有所值等形式的最终利益或心理效应都谈不上，那么，该养殖法的正当理由又从何而谈呢？

何谓贫血？《牛津词典》给出的定义是：缺血，不健康的皮肤苍白。

在医学上,贫血是按血红蛋白的计数来定义的,血红蛋白含量能很好地反映贫血程度,计数越低,贫血程度越高。正常情况下,含铁的血红蛋白能与氧结合,运氧到身体的各个部位,以满足代谢的需要。我们知道,小肉牛在饲养过程中一直缺铁,因此,其氧化能力低下。缺乏氧化能力会引起呼吸困难和疲惫,当小牛保持相对静止不动时,便会出现疾病症状。在出现极度贫血时,小肉牛就会死亡。很多引文经常含有"倒地死去"的字样。在小肉牛饲养史中,由贫血而非其他病因造成的死亡明显并不罕见。我所能够整理出的证据显示,生产最浅色的小牛肉的饲养过程就是一个在避免死亡的前提下尽可能使小肉牛处于贫血状态的过程。

昏暗无光的拴缚式饲养环境无疑是造成小肉牛贫血的部分原因之一,但是主要原因还是小牛所吃的食物。初生牛犊的天然食物当然是牛奶。牛奶含有犊牛在 10 日龄到两周龄开始吃草之前所需要的全部营养成分。另外,犊牛从田野里野草中还可获得维持健康所需的额外的矿物质。从阳光照射和青草那里可获取维生素 D。头三个月户内饲养的普通犊牛,一般还要补充以浓缩饲料、水和随机添加的干草,作为日常奶料的强化。靠正常养殖的小肉牛不能自动突显"白肉"终产品的自身价值。我们应该看到,小肉牛吃的是经过专门调配的日粮,但可导致贫血,当然目的是为了生产出淡色的小牛肉。贫血的主要致因是缺铁外加缺维生素 B_{12}。

有一位测试分析过代用奶(后文会继续展开)的生化学家这样写道,"B 族维生素正常情况下由动物体内的微生物作用合成……B 族维生素的明显缺乏,再加上铁的摄入量过低,就会引发贫血症"。

代用奶直接进入小牛的第四胃即真胃。"当流质摄入食物与小牛的咽喉表面接触时,会因局部刺激而发生凹槽的唇缘的反射闭合,接着,流质摄入食物就会绕过瘤胃、网胃、瓣胃,直接从食道进入真胃。"1960 年秋的《大学动物福利联合会通讯》上有一位兽医给出了以上解释。

维生素 B_{12} 是在瘤胃中合成的。所以，人为诱发贫血的一个关键环节就是阻止小牛反刍。这位兽医继续解释说，状态正常的小牛"到约一周龄时就出现了某种程度的反刍现象与对少量固体饲料的食欲"。他又说，"尽管小牛没有失去对固体饲料的本能食欲，但是持续性的不进食固体饲料或团块大的饲料，会造成小牛各个胃的腔室发育与其月龄不符，大小比例出现异常"。

"咀嚼反刍食物"是小牛的本性，观察小牛的时候，想要看不到他们这种与生俱来、乐此不疲的动作都难。

就正常小牛日粮和小肉牛日粮之间究竟有什么区别的问题，来自一所农业技术学校的一封信给出了如下的解释：

如果小肉牛吃跟小奶牛一样的日粮，那么，

（1）小肉牛就不会迅速肥育，在12周龄时，活重280—300磅的预设标准就会落空。12周龄后无论用任何方式饲养肉色都会变暗。

（2）饲喂跟畜群替补小牛一样的固体饲料，如干草和浓缩料，会破坏肉质，造成小肉牛没到12周龄就发生肉色变暗。

英国兽医协会前主席詹宁斯先生是这样说的：

……有一种观念似乎很流行，那就是，要使肉色淡下来，有必要让小牛缺铁。这一观念在我们查到的文献中有大量记载。下面略引数例如下：

1. 1959年9月2日的《农场与农村》（*Farm and Country*）登载了一篇由皇家荷兰大使馆（Royal Netherlands Embassy）原农业参赞、现任克里斯托弗·希尔有限公司（Messrs Christopher Hill Ltd）（多赛特郡普尔市）顾问巴克博士撰写的一篇论牛肉生产的文章。在第80页上，巴克博士说："为了淡化肉色，有必要维持轻度贫血状态。"

2. 麦塞尔克里斯托弗·希尔有限公司是一家小牛代用奶厂商，被誉为"丹卡维特（荷兰幼畜饲料公司）小牛饲料"，在其1959

年 9 月 23 日散发的一本宣传册里面记有,丹卡维特代用奶就是一种"缺铁饲料"。

3. 荷兰小牛奶代用品厂商麦塞尔创荷美公司(Messrs Trouw and Co)出版了一本宣传册,名叫《犊牛的育肥与饲养》(*Fattening and Raising of Calves*)。在该册的第 8 页,有一句话说,"勿饮含铁水"。

4. 1960 年 10 月 25 日的《农夫与养殖者》的第 64 页有一篇文章,题为"小肉牛的舒适度初步达标",作者叫玛丽·彻丽(Mary Cherry)。文章说:"铁的摄入受到严格控制。饮水中铁含量的本底要清,外来铁源要切断。例如,所有铁制装置都要镀锌。其目的是只满足犊牛对铁的最紧迫需求,但却阻断其过多摄入铁,因为体内铁储存会破坏肉色的淡化。"

有些肉牛场、肉牛个体户,甚至还有农业部的官员现都在忙不迭地向我们保证说,只喂代用奶不喂任何其他饲料连续三个月的做法正是在顺应小牛的"天性"。从我刚才所说的角度看,难道你不觉得他们的说法有点匪夷所思吗?其实,小肉牛在出生后的头四天,在被肉牛户买走之前所吃的初乳才是真正的天然食品,而且是唯一一次享受此种待遇。而且即便在这一阶段,养牛户选买犊牛时也要选有贫血潜质的小牛。有一家饲料公司给养牛户提出了如下选牛标准,建议其严格遵守,精挑细选:

> 犊牛齿龈与硬腭不应呈红色,眼角也不应发红。要知道,"红"牛不出白肉。要查一查尾根下部是否呈粉红色而不是呈红色。

这样做就是在遵循传统荷兰养殖法吗? 1960 年 8 月 15 日《泰晤士报》的一位农业通讯员跟我们这样讲:

> 在旧时代,小牛肉生产兴旺的地区都是土壤和牧草都缺铁且水源也不丰富的地区。

有一生产厂家告诉我,代用奶或叫配方奶"主要由奶粉外加脂肪、维生素与微量元素组成,配方的指导原则就是仿效牛奶的营养成分"。
对此,农业部官方给出的评论是:

> 按规范生产出来的代用奶的维生素B的含量与全脂奶相比
> 没什么不同。但是,在生产过程中随脱脂一起去除的脂溶性维生
> 素,如维生素A,D和E,多数厂家都换成了替代品……

而詹宁斯先生的评论却很不一样:

> 关于犊牛有可能被虐待这个问题,一直以来都争论不休。一
> 开始的时候,就出现了对某些说法(关于贫血)低调处理的倾向,许
> 多人,其中包括一两位名人都被最近出现的委婉说法忽悠住了。
> 小牛代用奶厂家现在使用的含糊说法是,代用奶里实际上已经添
> 加了铁,因此比自然奶的含铁量还要高。这些说法倒是没有错,但
> 却只是对事实真相全景图的一个细部的正确描述。大家知道,牛
> 奶的铁含量极低,如果犊牛持续只吃牛奶,常常会发生严重的贫
> 血。当然,自然中的犊牛不大可能完全吃牛奶,因为这些小草食兽
> 很小的时候就会咬食青草,所以自然会得到充足的铁,也就不容易
> 患贫血。当年荷兰人靠给犊牛只喂牛奶来生产浅色牛肉,当犊牛
> 从拴缚式牛舍里松绑放出去时,常常会突然倒地猝死。当然,放出
> 去就是出栏送宰。

动物食物分析化学领域的一位重要学者甚至这样说,代用奶中的
铁含量比正常干化全脂奶的高,因此比较适合实现其原有的使用目的。
当然比较适合实现其原有的使用目的了。但是这个目的是使犊牛贫
血,不是使它更健康。

诸如此类信口开河的话语,在英国议会上我们也能听到(《英国议
会议事录》[Hansard],1960年7月25日):

> 加曼斯(Gammans)夫人向农业部长提问:"鉴于某些地区水
> 中缺铁,部长先生能否立法来强制本国代用奶厂商满足动物对矿

物质的需求。"

黑尔(Hare)先生回答说:"不能就此立法。用于小牛肉生产的专利代用奶主要基于干化脱脂牛奶,因此,其矿物质含量跟天然全脂奶十分相似。我知道常常还需要添加矿物质。"

先是在英国兽医协会(the British Veterinary Association)上宣读,后在《兽医记录》(1960 年 8 月 27 日)报道的一篇论文中有一段提到,内容涉及到有些执业兽医师们似乎也不晓得用代用奶是有营养缺陷的,拿它做犊牛的全价日粮,值不配位:

> 做日粮的代用奶中矿物质可能被人为去除,这件事已在英国上下产生恐慌。仔细调研结果显示,事实上,比如说,出于各种各样的原因,饲喂代用奶的犊牛比只饲喂全脂奶的犊牛摄入的铁多。确实,经验证明,用代用奶育肥的犊牛,其健康水平总体上要高于用全脂奶育肥的犊牛;并且前者所出现的病患种类也不相同,贫血程度也低,猝死发生率也明显较低。然而有证据显示,在稀释奶粉用水含铁量低的地区,在奶料里添加铁制剂是十分可取的做法,既有利于动物的福利,又有利于保障农民的经济收入。

请注意,上面只是说贫血程度降低了,倒地猝死发生率下降了,但是并没有说这两种病患已经彻底根除。

巴克博士谈到丹卡维特(Denkavit)(荷兰幼畜饲料公司)代用奶生产时说的一句话很有意思:"……我们一直能够养出健康的犊牛,虽然略带贫血,但却能够生产出消费者需要的高质小牛肉。"巴克博士所在的丹卡维特公司在其八周龄前小菜牛特制代用奶的说明书中特别指出,本品代用奶的配方与小肉牛代用奶完全不同:

> 丹卡维特饲养用料是一种全脂犊牛日粮。由优质原料加工混合而成,经过维生素强化处理,并含有矿化复合物,能满足后备家畜的营养需求。跟其他产品不一样,它并不是小肉牛已经适应的食物。畜禽饲养与小牛肉生产根本不是一回事,因此,任何万能饲

料都会注定以失败告终。

所有代用奶厂家一方面向我们做出保证:犊牛健康所需营养,代用奶里应有尽有,代用奶是完美无缺的犊牛日粮;另一方面,他们却对代用奶的营养分析成缄口无言,此行令人汗颜。有人跟我们说,这样做是企业配方保密的行为,以防其他企业得到配方。不过,此配方早已穿帮,在业内早已成公开的秘密。甚至农业部都这样说:"市场上各种产品的细节信息都可以从相关企业得到。"但是,事实上,有关公司还是断然拒绝公布产品成分分析结果。最后,我们找人对一家荷兰的领头企业与一家英国领头企业分别生产的两种代用奶样品进行了成分分析,不难看出,两种结果之间本质上没有什么不同。

我计算了荷兰犊牛入栏 60 天时(4 日龄开始入栏)的饲料供应量。此时,犊牛日供代用奶量为 13 品脱多一点。浓度比为一磅奶粉兑 6 品脱水。因此,一头犊牛每日实际所得奶粉为 1 公斤(2 磅等于 0.907 公斤)。而与荷兰犊牛相比,同等条件的英国犊牛在第 8—9 周龄时的饲料供应量是相同的。

在同一饲养时间点上,例如,一犊牛 4 日零的初始体重若为 80—90 磅,料转率若为 1.4∶1,则该犊牛此时体重应为 140—150 磅。鉴于犊牛的初始体重与长膘力个体差异较大,以上数据只不过是个均值。

以日进食量 1 公斤的育肥段为例,现做饲料分析如下:

成分	荷兰代用奶	英国代用奶	普通 150 磅小牛的需求*
水	111 g	116 g	
蛋白质	175 g	250 g	280 g
脂肪	164 g	118 g	1%—2%
碳水化合物和纤维素	550 g	457 g	
矿物质	60.5 g	59 g	

成分	荷兰代用奶	英国代用奶	普通 150 磅小牛的需求*
钙	10 g	7.7 g	11.0 g
镁	1.1 g	1.3 g	3.0 g
钠	3.2 g	5.4 g	2.25 g
钾	9.3 g	12.4 g	
磷酸盐	17.8 g	3.4 g	9.0 g 磷
氯化物	10 g	3.8 g	低于 5 g
硫（SO_4）	6.0 g	微量	
铜	0.6 mg	27.0 mg	18 mg
镍	0.2 mg	9.0 mg	
铁	34.0 mg	30.0 mg	每 100 lb 225 mg 或 56 mg 无储存 84 mg
钴	0.01 mg	2.0 mg	0.0
锌	8.0 mg	35.0 mg	
钼		1.0 mg	
锰		11.0 mg	37.0 mg
维生素 A	200 IU	1300 IU	5,000 IU
维生素 B_1	0.2 mg	0.8 mg	
维生素 B_2	0.4 mg	3.0 mg	每 100 b 1.2—2.1
烟酸	0.9 mg	9.0 mg	
维生素 E （总生育酚）	2.5 mg	5.0 mg	22.5 至 225 mg 不等，以不饱和脂肪量而定
维生素 B_{12}	60 μG	20 μG	34—37 μG
	150 磅小牛 每天 25 磅水		

* J.H.B.罗伊，"农场畜禽饲养的科学原理学术大会(1958)"。

罗伊建议的牛生长与育肥每日营养供应标准(罗伊,1958)

体重 (lb)	干粮 (lb)	水 (lb)	能量维持 附加2lb	可吸收蛋白质 维持附加2lb	钙 (g)	磷 (g)	镁 (g)	钠 (g)
100	1.5~3	10~20	4500	0.55	10	8	2	1.5
200	6	20	5250	0.7	12	10	4	
300	8	30	6250	0.85	13	12	6	
400	11	40	7250	0.95	14	13	8	

每100磅体重所需微量元素与维生素:铜12 mg、铁150 mg、锰25 mg、钴150 mg、胡萝卜素15 mg。(维生素 A 3 mg),维生素 D 450 IU、维生素 E 15~150 mg不等(取决于饮食中不饱和脂肪的含量)。

尽管犊牛"静养"的营养需求要比"动养"要少的事实必须纳入考虑,但是,现有数据分析结果仍然提示,代用奶的蛋白质、镁、铁、锰、维生素 A 和维生素 E 的含量偏低。此外,荷兰代用奶的铜与维生素 B 含量低,英国代用奶的钙、磷酸盐、氯化物与维生素 B_4 的含量也低。

罗伊先生强调指出,制表中的标准并不是精确的营养需求,只是一个建议,旨在为动物健康提供一个安全系数。

关于日粮中矿物质的含量问题,他继续评论说:

给动物日粮设置矿物质最大要求时,可以充分留出安全余地。因为在动物消化道里,矿物质之间会发生反应,一种矿物质会沉淀另一种可溶性矿物质。比如说,钙过量时会干扰机体对铁和碘的吸收。……牛健康必需的微量元素包括铜、铁、锰、钴、锌和碘。

J.O.L. 金(J. O. L. King)先生在他的《兽医营养学》(*Veterinary Dietetics*)中说:

如果日粮以奶为主,其中少有粗饲料,那么犊牛在快速生长发育期内很容易因缺铁与缺铜而发生贫血。按照罗伊先生的建议,给犊牛补充相应元素可有效预防贫血。

代用奶中含量低得一塌糊涂的微量元素是铁。罗伊先生谈到了评估犊牛每日的铁需求量问题：

> 铁：全脂牛奶每加仑仅含有 2 毫克的铁，限食这种日粮的犊牛常常患贫血症。根据布拉克斯特（Blaxter）、沙曼（Sharman）和麦克唐纳（MacDonald）（1957）的估算，犊牛每日需求 25—50 毫克净重的铁才能维持血红蛋白值正常与肝储存充足，同时，也能确保达到每日分别增重 1 磅和 2 磅的目标。马克龙（Matrone）等人（1957）的测算结果是，一头 500 磅的犊牛每日需要 1.2 毫克铁，才能维持每 100 毫升血中 10 克血红蛋白的血象值；还要另加量 16 毫克铁，才能保持住每日 2 磅的增重。他们的总需求量为每日 56 毫克铁，其中没有包括维持正常铁储存的摄入量，且预设利用率为 30％（Matrone et al.，1957），则每日每牛即可增重 2 磅。而在同等条件下依据布拉克斯特（Blaxter）等人的测算结果所得出的犊牛铁总需求量却是每日 166 毫克。因此，每日摄入 150 毫克铁，即可完全满足犊牛达到增重率最大值过程中对铁的需求。不仅如此，托马斯（Thomas）、冈本（Okamoto）、雅各布森（Jacobson）和摩尔（Moore）（1954）发现，每日摄入 100 毫克铁即可提高轻度贫血犊牛的红细胞与血红蛋白的数量。

曾任职于农场物资有限公司（F.M.S.［Farm Supplies］Ltd）的 J. 威尔逊（J. Wilson）先生在 1961 年 12 月 2 日的《兽医记录》上撰文说，当时媒体关于犊牛贫血症，众说纷纭，莫衷一是，其争论愈演愈烈，他对此加以关注，并阐述自己公司的立场，他自己觉得这是他义不容辞的责任。

> 全脂牛奶每加仑只含有约 2 毫克铁，但靠全脂奶饲养的犊牛却很少死于贫血症。因此可以推断，初生犊体内铁储存还是很充足的，但是却要受雌亲代的饲粮影响。在犊牛死亡过程中，作为"推波助澜者"，黄油等副产物就从全脂奶中带走了一部分铁，作者本人熟悉的代用奶每一公斤干粉含 30 毫克铁。目前犊牛铁需求

量方面的信息还是非常有限,但有一个数据是每日增重两磅的铁需求量为每日 150 毫克(Blaxter, Sharman and MacDonald, 1957)。

该需求量以 30％为预设利用率,可维持血红蛋白血象值正常,并保证肝储存充足。未预留正常储存的总需求量估计为每日约 56 毫克(Matrone, Conley, Wise and Waugh, 1957)。即便诱发总体缺铁性贫血是生产上的一种有用手段(实际并非如此),也很难想象犊牛吃每公斤干奶含 30 毫克铁的代用奶就能在 12 周后发生贫血。从金属栏舍出栏的犊牛胴体与木板条栏舍并饲以相似饲粮的犊牛胴体没有什么区别。

我们发现,小肉牛由于屠宰早,无需在肝脏储存铁。初生犊牛肝储存铁充足,可维持到 6 周龄,当然其量大小也因犊牛母亲摄食状态而有一定变化。6 周龄后肝储铁量完全要依赖进食。而在此周龄时,犊牛常报告有食欲不振与精神萎靡情况发生。而这些状况的出现经常与缺铁有关。因此,这个周龄大概就是贫血症开始发病的时期。

我们已经看到,若考虑放开储存量,犊牛每 100 磅体重日需 56 毫克铁,因此,每 150 磅体重日需 84 毫克铁。我们所做的两个分析结果分别是日需 34 克和 30 克。威尔逊先生的公司给出的日需量是 30 克。三项结果都与建议量 84 克差异很大。那么,威尔逊先生的说法有什么合理性?

国家乳制品研究所受农业部委托做了几项实验,对实验结果课税时,农业部首先不承认有贫血症存在,或认为做血检多此一举。

农业部实验对象犊牛都没有做过血检。从对这些犊牛的严密且持续观测或测量中,包括外观,尤其是活重增重,我们都难以找到任何理由来质疑犊牛患有贫血症……

这是 1960 年的事,到了 1961 年,他们又向一位国会议员写信说:

国家乳制品研究所与皇家兽医学院合作完成了几项牛肉生产

实验研究。犊牛育肥期全程只喂全脂奶和各种代用奶的犊牛的血检结果支持轻度贫血症的存在。

直到1962年12月20日,他们向我的一位朋友吹风说:

犊牛从出生到活重约250磅之间定期要接受血检。目前除了血红蛋白计数外尚无普遍认同的认定贫血程度轻重的标准。在上述国家乳制品研究所与皇家兽医学院合作所做的立项实验中,出栏屠宰时犊牛最低平均血红蛋白值处于7.0 g./100 ml.与5.0 g./100 ml.之间。

当然,仍需进一步参照动物所处环境来对这些结果进行综合评估,如要求动物把运动量控制在多大范围。

1963年3月15日,农业部人员又进一步对贫血的类型做出了具体的解释:

用高水平流质饲粮喂的犊牛的血红蛋白水平一般会从初始水平的每毫升约12克开始下降,出栏屠宰时的高铁水平受饲粮因素影响为每100毫升含铁5—7克不等。由饲粮引起的贫血属单纯营养型贫血,可用饲粮补铁加以纠正。

生化学家雷金纳德·弥尔顿(Reginald Milton)博士做了两项分析,完成"荷兰"分析后,他写了下面的话:

尽管所查饲粮富含成骨类矿物质,其中多数微量元素的含量也令人满意,但是确确实实是缺铁的。同时也缺维生素B族和A族的所有成员。正常情况下,犊牛出生时的维生素B族储存可维持一段时间,待到需补充时,犊牛已能在吃奶的同时啃青草、嚼干草了。到那时,犊牛胃功能已经得到改善,犊牛体内的微生物作用即可生成上述所需维生素。如果日粮中缺乏这些材料(如采用菜牛法时),那么,维生素B族的诸多缺乏症就注定会接踵而至。维生素B_{12}的明显缺乏外加铁摄入不足当然就会导致贫血……

因此,我的意见是,如果按照建议方法使用,该产品就会造成小牛慢性贫血,同时犊牛也会出现其他诸多维生素缺乏症的症状。

一位有名的兽医曾说过,在荷兰,有时小肉牛刚被牵出牛栏,便会因患贫血症而突然倒地,就地毙命。

考虑上述原因,小牛饲料加工厂家便在代用奶里添加铁强化剂,不过加的量只够预防小牛猝死性严重贫血。

这位兽医接着又说,有一位附属于一家牛肉公司的动物营养学家在一次兽医专业人员会议上说:"我们必须控制住这种贫血。"这一说法的意思不仅包括必须控制过度贫血,也包括必须控制过度的铁摄入。众所周知,饲粮中铁供可能过量,而机体不需要的任何物质都会被肠道排泄到体外。这位牛肉公司的官员投入了很多时间在南英格兰各地测试当地的水样。由于饲粮中添加铁既不难,也没什么风险,因此,这种测试各地水中铁最低含量的工作也是多此一举的。测井的目的是保证水里不会含有过量的铁。

有一个问题特别令我脑洞大开。农业部选了七家实验农场进行了全脂奶与代用奶饲喂的小肉牛胴体差异对比试验研究。部里计划为牛肉生产提供一定资助,因此,希望本试验结果可为政府做决定提供依据。但是,试验结果却令人大跌眼镜:两种饲养方法之间找不出任何差别([《实验畜禽饲养第五期》*Experimental Husbandry No.* 5],农业部编)。我们一直被反复洗脑去相信用全脂牛奶饲喂的小牛贫血严重,以至于经常猝死,但问题是,如果用代用奶饲喂的小牛胴体肉色相同,是否意味着它们的贫血也与全脂奶饲喂的小牛的贫血一样严重?国家乳制品研究所的诗兰姆(Shillam)博士在1961年9月的《农业》杂志上的文章中写道:

荷兰使用的代用奶的含铁量低,原因是饲喂用水常用井水,而当地的井水富含这种元素。

然而,至少英格兰内部地区的水似乎是缺铁甚至无铁的,因此,该国的代用奶均添补了一些铁,用来防止尤其是在那些拴在木条栏舍里犊牛之间出现严重临床贫血症状。

但是,他还指出:

> 决定牛肉厂商牛肉定价的最大单一影响因子似乎是所谓的肉色浅淡程度。但是为淡化肉色,除了阻止犊牛获得取之不尽的铁源,如生锈的桶环与铁门或浓缩饲料等固体饲料之外,也没有别的好办法。

最后我还要引用一句他说的话:

> 高能奶代用品中铁的含量的平衡度非常完美,一方面,用来预防犊牛出现贫血症状已经富富有余;另一方面,铁又没有过量以至于使得肉色太红。(《农夫与养殖者》,1961 年 10 月 24 日)

作为此案例讨论的结束,我应该重提一提前面关于荷兰小肉牛的说法,这些小牛在突然倒地毙命前一切看上去都是正常的。

他们确实是临床贫血患畜!

荷兰小肉牛养殖允许使用激素作生长刺激剂,也可自由使用抗生素来预防疾病与促生长。

> 在荷兰,代用奶中允许添加抗生素,且有一大批意见都坚持认为抗生素是牛肉生产的必备要素。因此,在英国,尤其是在畜牧生产条件出现不利状态时,抗生素的使用很可能会提高牛肉生产成功的可能性,当然,前提条件是对抗生素产生抗药性的病原微生物不至于给犊牛带来什么危险。(《农业》,1961 年 9 月)

在英国,抗生素也终于获准在小肉牛养殖上使用了。早在 1962 年秋就已经提交了取消禁令的提案。然而,即便在此提案提交之前,肉牛养殖户已获准在饲粮中添加抗生素来抗病。不难想象,他们现在可以比以前更自由地使用抗生素了。

一位肉牛养殖农户主跟我大声说："如果谁要跟你说养小肉牛光赚不亏，那他一定是忽悠你呢！让他们光活不死，谈何容易！"

我们看到养小肉牛是个不断试错的摸索过程。关于光照强度的很多认识误区现在仍然流行，各家养殖场观点仁智互见。巴克博士告诉我们，暗养的植物植株色淡，坐牢的囚徒肤色惨白，基于生活中的类似经验认知，暗养的想法由是而得。全暗养殖法尽管在荷兰仍被奉为至宝，而在其他地方已是无关紧要之事了。然而，还是有很多人提倡暗养的，其基于的理由也多种多样，最主要的理由是犊牛应该静养，而在强光或日光照射下，犊牛会躁动不安，白白浪费能量。

> 无论如何，尚未发现有任何证据证明黑暗能够促进淡色牛肉生产。只要避开直射阳光，常光照射下，动物照样能安安静静地呆着。（《农业》，1961年9月）

暗养的另一个原因是黑暗能抑制蚊蝇侵扰。荷兰畜牧与肉食品生产研究所(the Dutch Institute for Animal Husbandry and Meat Production)的研究结果显示，全日照环境里饲养的犊牛料转率略高于暗养的犊牛。同时，暗舍内的蚊蝇比亮舍内的多一倍还多。

1960年9月13日的《农夫与养殖者》中一幅照片的题注是这样写的：

> 苍蝇无处不在。细看照片，会发现排水槽里有数百只死苍蝇。据说荷兰的苍蝇已经对灭苍蝇喷剂产生了抗药性。

这个话题后面章节还要展开讨论。

拴缚在漆黑的板条笼舍里的犊牛所遭受的痛苦给我留下了深刻的印象，而这种印象又在一位兽医那里得到了确证，他跟我们说："可是，如果让小牛完全呆在黑暗里，它们会感到焦虑不安，缺乏'群牧动物团队感'所带来的那种安全感。"（《大学动物福利联合会通讯》，1960年8月）

巴克博士在 1960 年 8 月 27 日的《兽医记录》上写道：

> 犊牛是以群体为生活方式的群牧动物，除非跟其他犊牛一起吃喝拉撒睡，否则就没有安全感和幸福感。这一点非常重要。如果你步入一个牛舍，里面的一切犊牛都能看得清楚，那么，它们就不大会注意到你的到来。哪怕是你一不小心踢翻一只木桶，它们也不会突然受到惊吓。

而一位屠宰工跟我说，在屠宰场隔离栏内的待宰犊牛感到最为恐怖的唯一一个时刻，就是马上要轮到它们最后几个"上刑场"之时。而在大群里等候时，它们不大感受得到不断有牛被拉出去挨刀这种情况。

也许，对有些农户来说，饲粮营养缺乏是另一个认识误区，他们搞不懂营养缺乏的诸多复杂原因，也不明白营养确实缺乏的事实。

> 许多农户不晓得犊牛日粮缺乏某些矿物质和维生素的情况（根据一位农户口述）。他们喂给犊牛的是常常通过强行售卖的营销员或"强行套路"的广告宣传买到的加工饲粮，就像我们受劝而买到食物一样，光吃不问，从来不问里面有什么营养成分。

度过单调乏味的半生后，犊牛被押运到屠宰场。像其他动物一样，犊牛在待宰隔离栏里不能呆八小时以上，否则，屠宰工不知道怎样按特殊要求饲喂犊牛。所以，一般来说，就是随到随杀。按照"非犹太屠宰法"（Gentile slaughter）要求，首先要对犊牛实施电晕或使用"人道致晕器"致晕，然后去头，接下来皮下注气，使得小部分脂肪的外观更有"魅力"。按照"犹太屠宰法"（Kosher slaughter）要求，要把犊牛后腿绑起来悬空倒挂，然后切断其喉咙，一直挂到血流尽致死。

而最终产品又究竟是什么样的呢？考虑到饲养过程的一阵折腾，真的物有所值吗？

大使馆农业参赞说，丹麦公众普遍认为不值得，他们宁愿吃散养的肉色红一点的小牛肉。

很有意思的是,即便荷兰本国也不是特别强调将肉色淡作为肉质标准之一,他们认为没有必要在肉色上实施严格的限制。与有些荷兰牛肉进口国不同,荷兰国内市场似乎不太追求肉色浅淡。(《泰晤士报》,1960 年 8 月 15 日)

一位屠宰工跟我说,100 个屠宰工里才有一个吃荷兰小牛肉,这一说法并不对。他们喜欢吃优质牛肉。我的一位农民朋友告诉我说,她突然决定把她养的四月龄的小牛宰了。他们发现这头牛的肉太好吃了,从来没吃过这么可口、鲜嫩的牛肉。肉色比专门饲养的小牛肉的肉色深一点点并没有什么影响。这种做法在业内称之为"推销员",并证实了威斯康星(Wisconsin)所做的下列实验的发现:

目前决定牛肉厂商牛肉定价的最大单一影响因子似乎是所谓的肉色浅淡程度(诗兰姆博士在 1961 年 9 月的《农业》杂志上的文章中写道)……对淡色牛肉的食欲明显不是来自烹饪技术、口味或细嫩的牛肉质地。事实上,威斯康星的实验已证明乳饲犊牛饲粮里添加铁和铜会使肉质更加细嫩柔和。淡色的价值似乎在于牛肉的外观更有诱惑感,并向消费者证明了那大块大块的牛肉来自于乳饲小肉牛,而不是来自凑凑和和养大的某种牲口。

小肉牛日粮要实现的主要目标之一就是这一"白肉"(淡色肉)口号所表达的(《农夫与养殖者》,1960 年 9 月 13 日):"家庭主妇不要红牛肉,非要白牛肉不可。"那么,一切只好顺其自然。

R·特鲁·史密斯在一次访荷期间目睹了荷兰养牛法,之后,在 1960 年 9 月 13 日的《农夫与养殖者》上发表了对这种方法的看法。下面我要用他的话作本章的结束语:"如果让我养牛,我会这样养,我要一边养牛赚钱,一边享受养牛的乐趣。"

第六章　其他密养系统

格子笼养方式下的肉鸡业与蛋鸡业已成为两大构建完好的产业格局，因此，本书对其中肉鸡与蛋鸡的生存状态进行了较为详细的描述。但是，这些工厂化农场上密养着的动物是海量的，且种类还在不断地增加。火鸡、鸭子、鹌鹑、兔子、肉猪和菜牛①均在拓展列单中，目前正在实验把羔羊纳入其中。看来，"岭上牛羊云几朵""春江水暖鸭先知"的怡人春景可能会渐渐从乡间消失。

小牛肉产业在剥夺小牛的舒适与健康上精打细算，其精准度已达到无以复加的程度，因此，本书对这一话题也着笔较多。尽管跟养鸡业相比，小牛肉产业规模似乎不算大，但是，业内的诸多精微绵密、玄妙幽深之处正在向菜牛业渗透。

烤肉小菜牛

曾几何时，烤肉小菜牛一度幸免于密养热潮的冲击。因为它们一直享有出产"高品质牛肉"的美誉，且其标准远远高于鸡肉。但是我们却忘记考虑到了超市。他们老是声称，家庭主妇们正在要求他们进货的牛肉必须"既便宜，肉色又呈统一淡粉色，足可以跟他们食品展示柜

---

①　比小肉牛饲养期长的肉牛。

里的白条鸡和冻鱼媲美；生鲜牛肉肉材上架前必须呈淡粉红色，因为肉材一暴露于空气即变色。"（《观察家报》，1962 年 8 月 19 日）。以往育成一头小菜牛要用两三年的时间，而且是在最好的牧场上散养育成的。而现在则要求在 11—13 个月内育成能满足超市要求的烤肉小菜牛。这些小菜牛体重达到 8.5 英担时就要入宰，而要实现及时育肥，增重按时达标，就要实施一定程度的限制性饲养。

各家农场采用的养殖系统各不相同。许多农户仍然信奉散养，至少部分散养。还有些农户把牛限制在大院里或一头或两头开放的、大而通风的畜棚里饲养。但是人们往往经不起烤肉小菜牛利润越来越大的诱惑，大都趋向于把小菜牛置于环控建筑物里饲养，并通过高密舍养限制牛的运动。苏格兰罗伊特研究所曾首创英国的独立肉牛养殖系统——大麦小菜牛①和烤肉小菜牛。该研究所的理念是植根于美国围栏肥育养殖场的。约翰·彻林顿（John Cherrington）在 1963 年 6 月 21 日的《金融时报》上撰文说，他们的养殖法是"非常错误的。……在美国，育肥牛是纯种培育的肉牛……是在开阔的草原上培育出来的。只在出栏前四个月时才圈于大院里饲养……在美国，待肥育牛在成本低廉的开阔牧场上已经长到初具规模，并已经进入到母乳断奶期"。约翰·彻林顿对美国体系与英国体系做了一番对比："绝对禁止小菜牛出舍，往往不准许它们躺卧，以防止小菜牛拼命找草吃来补充纤维素，最后造成精饲料被稀释。因此，多数时候，小菜牛是站在板条栏舍里板条地面上的。"英国养牛场的设计容量是一批次容纳 2000 头存栏小菜牛。现有一家养殖场已经达到了这个存栏数。而存栏数达 500 或 1000 头小菜牛农场已成常态。

据一般估算，若使用板条拴缚式牛舍，饲养密度则可增加一倍，因此，有些养殖场偏爱 2.6 英尺牛舍。目前，巨大危险实际已经来袭，已将小肉牛几乎吞没了的狂热的"料变肉"转换技术如今已经开始向这些

---

① 小菜牛三日龄入栏，经全谷类精料高密饲养到 11 月龄时出栏待宰。

不幸的小菜牛张来大口。劳伦斯·伊斯特布鲁克于 1963 年参观了当年的皇家展览会(Royal Show),期间他与牛肉生产厂家讨论了大麦小菜牛养殖的有关问题,随后,他在《每日邮报》上发表了评论文章。该文认为,目前小菜牛的一些养殖法跟在本书上一章所介绍的小肉牛养殖法亦步亦趋,如法炮制:

> 小菜牛从三日龄开始就被关在狭小的板条栏舍里,一直关到 11 月龄才被松开脖套,放出栏舍,运去待宰。
>
> 它们吃不到稻草,站在板条地面上,其粪便透过板条间隙掉落在下面的粪坑里。
>
> 即便到了成熟期,它们也只能在 17 平方英尺,即 8 英尺×2.3 英尺的空间里果腹度日。
>
> 我曾跟目睹过板条拴缚栏舍饲养过程的一位男士聊过。他说,"对待动物的手段是极其残忍的,小牛们对木板条舍恨之入骨,它们在上面经常滑倒,跪在地上。只养了一个月,牛舍便恶臭无比,难于形容……"

牛肉生产的按钮系统究竟对养牛户有何好处,1961 年 12 月的《农业快报增刊》给出的答案是这样的:

> ……饲喂装置格式各异,但是基本结构是一样的,即与饲槽等长的麻花钻样装置。
>
> 该系统一次用时 20—30 分钟即可饲喂多达 300 头小公牛。饲养员只需要做开机与关机两件事,就万事大吉了。
>
> 该自动饲喂系统的逻辑拓展表现为,令小牛站在板条地面上,用刮铲机将料槽前面的牛粪铲刮到一个大粪箱里。然后往粪箱里倒水,将水与粪搅拌成粪浆。后者通过雨水喷枪灌溉系统回归于田,完成一个完整的循环。

据 1963 年 5 月 9 日的《金融时报》报道,在国家土地所有者协会(the Country Land-owners Association)举办的一次新式菜牛舍建筑

大奖赛上，有一牛舍建筑荣获了特别奖。评委们给出的评语包括，获奖
牛舍有望成为未来牛舍的样板，是所有参赛作品中最富挑战性的一座，
在作品中，高度集约化和与有机农业彻底分割理念被发挥到了极致。

> 获奖牛舍大体上因循肉鸡房的套路。小菜牛三日龄入栏，一
> 直养到 11 月龄，然后出栏待宰。牛舍无需垫草，地面是混凝土加
> 板条结构，喂料与污物清理完全由机械控制。

苏格兰罗威特研究所的普勒斯顿博士率先设想出了用定时器自动
控制饲喂机械的点子，由此省却了周末的值班之劳。

对于农户与饲养员来说，这是一个非常理想的养殖系统。养殖者
们根本不把牲口当牲口，他们只不过是能生财的、且低值易耗的一部机
器罢了。

现今饲料公司不仅出售畜禽日粮，也出售与日粮相关联的饲养技
术。这种做法的风险是，这种做法会诱惑很多客户挤进同一养殖行业
的小胡同，最后必然致使利润下滑；但是，对于犊牛来说，风险相对较
小，母牛产子的速度怎么也赶不上鸡蛋孵出小鸡的速度。

围栏肥育的小牛所吃的多数饲料主要基于浓缩饲料，几乎不含粗
饲料。在不用板条地面的牛舍里，建议用锯末子而不要用稻草做垫草，
因为小牛会咬噬稻草。

苏格兰罗威特研究所的普勒斯顿博士首创的"罗威特养殖系统"
(Rowett System)是目前广为采用的养殖法。该系统几乎完全用大麦
做日粮，添加剂包括矿物质、维生素、抗生素、镇静剂和激素。该系统排
斥干草或其他粗饲料，认为它们会降低大麦日粮育肥菜牛的原有快速
增重率。据估测，激素可使小菜牛增重 15％甚至 25％，因此一般在出
栏前最后三个月拌入浓缩日粮饲喂。对此，本书后面章节会有具体
讨论。

镇静剂是小菜牛日常饲养的常规用药，目的是使它们保持安静。
有些小菜牛一生暗养于牛舍里，以促进育肥并保持放松状态，从未见过

天日。(《每日快报》,1962 年 9 月 6 日)

1961 年 4 月 4 日的《农夫与养殖者》报道了普勒斯顿博士的一个说法,"诸如亚麻籽饼这样一些精微之料,在罗威特试验中从来都没有看到影子;闪亮的外套没有带来任何额外的利润"。近期报告开始显示,这些小菜牛不但缺乏闪亮的外套,而且出栏时,有的已经失明,许多出现了肝损害,几乎所有犊牛肺部都有不同程度的炎症。可是,就是这样一批犊牛到了屠宰场竟然被列为头等级!

牛肉厂家暂时对烤牛肉式菜牛养殖望而却步的主要原因可能与大麦会涨价,犊牛也会随之涨价有关。在上述同样饲养条件下,(荷兰种)弗里赛黑白花奶牛增重速度要比其他品种的奶牛快。因此,弗里赛黑白花奶牛的牛源很可能出现短缺。但愿这些行业的潜在风险持续的时间能更长一些,这样,农户们就可以有充足的时间对诸多密养方法给动物带来的影响进行更深入的研究,然后再决定是否向集约化养牛业的纵深之处发展。

兔子

肉兔养殖业肇始于 1959 年,到了 1963 年,其生产效率已经不声不响地爬升到了年产 5200 只。兔肉一般由肉贩与超市零售。兔肉以色淡、细嫩为特征,因此,与鸡肉、小牛肉和菜牛肉共享肉质品质标记。

做兔肉这一行,首先要找到具有高产创利潜质性状的雌兔。其优势性状中最重要的一项当然是存活率。如果雌兔寿命短,不能多次繁育许多后代,无论单独一胎能生多少只,也不值得选来做种。育种的目标必须瞄准能胜任完成密养的主要任务的品系,其料转率与出肉率均高。同时,也应擅产优质毛皮。肉兔的兔毛主要用于制帽,一件彩色毛皮也顶多能换来四便士(旧制),一件纯白毛皮却能换来一先令(旧制)。

虽然过去没有人密养过肉兔来卖肉,但是,多年来却一直有人用类似密养方法养殖实验室用兔。因此,养兔业研究养兔还是能找到很多相关信息可供参考的。然而,笼养兔的死亡率相当之高,据估测,育肥兔中有三分之一之多没达到八周内增重到 4 磅的标准就夭折了。

乍一看,肉兔养殖单元很像一个肉鸡格笼养殖单元。兔笼尺寸规格为 3 英尺×3 英尺或 4 英尺×2 英尺,两侧与后面为实边,内容雌兔一只,外加她生的仔兔。笼前料槽内盛有团粒兔食,兔子可从滴水阀里吸水。做窝箱是可移动的,实底箱底上铺有稻草,以使雌兔和无毛、又盲又聋的新生兔仔住得舒适一些。撤箱以后,母子都要在铁丝网地面上生活,尽管对它们来说不那么舒适,但对饲养员保洁来说,却很方便,也可省却很多劳动,因为粪便可以直接从铁丝网孔间掉落下去。另一方面:

> 在铁丝网地面上兔子的总活动量明显减少,到了成兔阶段,健康就可能出现问题。跗关节疼痛比较常见,患上黏液状肠炎的危险则更大一些。冬天,雌兔在铁丝网地面不如在实底地面更容易接纳雄兔,因此,受孕率会随之下降。

> 实底地面兔屋更舒适,兔子的总活动量会更大一些,通常不会出现跗关节疼痛的问题。由于经常添加垫草,因此也需要不断打扫卫生。同时也可能少不了抗球虫药的连续使用的环节。当然冬季受孕率也高于铁丝网地面上的受孕率。

1961 年 12 月 25 日的《兽医记录》有一篇文章提出了下面的妥协意见。

> 兔子可先在铁丝网地面上饲养,然后再搬到实底地面上繁殖。

有些养殖基地实际上都在这样做。一窝仔兔平均有八只,一般养三四周就断奶了,然后就转移到群养舍,跟其他仔兔合养,一般一舍合养 16 只。仔兔与其母兔分开两三天后,母兔又要重新接受配种,以便完成两年内产 10 窝的任务。完不成任务的母兔则被认为低利产出者。很有意思的是,雄兔也不能白白浪费粮食,需要把自己的"饭钱挣回来"。

> 在一定程度上,雄兔的日粮量是依据它所"服务"的雌兔多少

来决定的。干草和水是全天候供应的,但是,其他日粮供应则要根据其繁殖表现成绩来定量或临时填料。(《家禽世界》,1962年3月1日)

不建议暗养兔子。若无自然采光,则需提供人工照明。

在丹麦,迫于公众反对情绪的高涨,已经废止了母鸡叠笼式饲养方式,但是,肉兔饲养业却正在蓬勃发展,到目前为止,已拥有100多年的肉兔养殖业历史了。

猪

猪是所有家畜中被黑得最惨的动物。事实上,猪干净到甚至有些洁癖,它们性格活泼,也很聪明。

猪皮十分坚韧,缺乏皮肤汗腺。对这一点人们往往知之甚少。不仅如此,猪全身被厚厚的脂肪裹得严严实实,形成隔热层,使其难于抵挡热浪袭击,难以维持正常体温。设施不完备的地方,猪一般能找到水,使自身皮肤保持湿润凉爽,或找到湿泥,在上面打滚,使它黏在身上散热,并避免太阳暴晒造成的伤害。因此,猪脏并不意味着猪本性脏,而恰恰反映出饲养水平差,对猪缺乏了解。

丹麦人最早认识到猪必需有一个干净地面来躺卧休息,而清粪沟要与猪舍地面隔离。因此,丹麦的猪舍是享誉世界的。

目前人工密养的养猪趋势尽管还够不上现代养猪业最为诟病、众人最吐槽之处,但是,却极其明显地指明了家猪将要面临什么样的命运。有些养殖户只追求料转率。为规避所有无利可图之环节,原有猪舍的那种用心设计与对猪的人文关怀一起,同时消失殆尽。

首先要做的事就是分槽饲养。现已发现,猪舍地面散撒猪食的方法有很多优势。同舍猪各自都有充足空间来各吃各的食,因此没有恃强凌弱的现象发生。猪们能把地面保持得非常清洁,用不着再花人工劳力打扫。也许最能说明问题的因素是,既然猪均占有食槽面积已经不再是支配性因素,因此,同样面积的猪舍可群养更多的猪。例如,诺丁汉农场研究所(Nottingham Farm Institute)所做的一项实验结果显示,一个 11 英尺×6 英尺的猪舍,若安装饲槽,则只能养 11 只猪;而若尝试地洒饲喂法,则可合养 30 只小青年猪或 18—20 只成年猪。

　　为避免猪因舍内过于拥挤而睡在舍外到处是粪便的院子里的情况发生,需要时刻保持严密观察,但尽管如此颇费精力,高密养猪法一直还是非常成功的。

以上是 1963 年 1 月 22 日的《农夫与养殖者》上一篇报告里的话,该报告后面又写道:

　　……有些猪发生不明原因的死亡,而高度密养所造成的紧张状态似乎对此现象的发生难脱干系。但更高密殖产生更高产量,更高产量带来更高回报,此循环并未因几只死猪而被破坏。

猪舍内看起来空气污浊,粉尘过多,养殖者会感到很难受。所以人们经常强调,只有那些没有病毒性肺炎的猪才能在这种环境下活下来。所以人们一再重申仔猪户外散养到断奶的重要性,因为这样会使仔猪获得应对未来圈养环境的抵抗力。

再一次,科学技术成为养猪者的助手,成为优质饲养管理服务的替代品。子宫切除术,此处指子宫连同里面的猪胎一起从母猪身上切下来,实施此术后,新生仔猪在无菌育仔箱里被剥离出,再培育 14 天,五周龄仔猪即可运至养殖场,只要不跟其他猪接触,即可免受感染。以这些猪为基础,一个新的无病猪群由此产生。子宫切除术源自美国,在那里,猪的饲养管理水平极低,名声欠佳。在我国,养猪管理颇有水准,疾病可以通过进一步改善子宫切除术得到更好的控制。但是,人们真的正在这样做吗?

除了卸掉猪食槽外,腾空间的第二大举措就是拆除清粪沟。猪舍侧面筑有粪沟,上面盖着带间距的板条,猪粪可通过板条间距落到粪沟里,或者使地面略微倾斜,促使猪到较低一段方便,粪便可通过排污管排到舍外的粪箱里。最后一个方法是在北爱尔兰最流行、并在当地称为"发汗箱"猪舍的养猪法。"发汗箱"猪舍在本国流行有时。猪舍隔热层得到进一步完善，结果猪产生的强热把舍温推到了 80℉甚至更高。没有强制通风系统，唯一的通风处是一扇两截门样子的猪舍门的上部分。据估测，在该舍温环境下，料转肉成本是最划算的。确实，吃完了休息，休息了再吃，除此之外，猪不愿意做别的事情。"发汗箱"猪舍饲养者发现这种无食槽、无粪沟、无垫草、免扫除饲养法给他带来了巨大利润，而且，一个人可以照料 1000 多只猪。然而，养猪人的最大荣耀就是猪的健康无病。其个中原因不难解释。舍内空气湿度大，高温蒸发了猪尿与猪汗中的水汽，同时带走了所有的细菌，随蒸汽冒出屋外，或吸附在舍顶棚悬挂的钟乳石上。

至此可知，要养出不健康猪，最简单的方法莫过于此。如果有些农户对这种养猪法吹毛求疵，那就让他们听听动物健康信托的家畜研究中心主任 K.C.塞勒斯（K.C.Sellers）博士是怎么说的：

> ……养猪的目的就是为了卖肉赚钱，没必要对它们多愁善感。
>
> "我觉得要测试'发汗箱'猪舍，就测它划算不划算。假如你的猪都挺健康的，那么这种方法就不值得考虑。"（《农民周报》，1962年 2 月 23 日）

事实上，研究已经证明，用这种方法饲养的猪由于吃食少而生长缓慢，有些农户证明户外散养仍然很节省。且饲养效益好，过程令人愉快。

不管是哪种方式养猪，"发汗箱"猪舍，还是更贴近自然的猪舍，现今给养殖户的建议仍然是"用猪覆盖地面"，有些建议甚至给出了猪均不到 5 平方英尺的面积，直到最近该数据才被认定为最大密度。曾有建议认为猪均 $3\frac{1}{4}$ 平方英尺的面积更加有利可图。

高密养猪法常导致猪对生活产生单调乏味感，并染上恶癖，猪的恶癖主要是咬尾。一般建议养猪户给每个猪舍扔一块木头让猪啃着玩，或者，也可以在猪圈中央悬挂一条链子当玩具，多少能排解掉一些无聊。另一个避免不了的发展趋势就是采用剥夺光照的暗养法。黑暗之于动物，意味着无打斗，专注于休息和继续手上的活计，即转料变肉。1963 年 3 月 26 日的《农夫与养殖者》对一现代养猪场有如下描述：

> 猪舍呈半黑暗状态。15 瓦的红色灯泡发出的光刚好使得猪能看清到哪里去吃食，但亮度不够，猪打不起架来。温控与通风控制配合以半黑暗照明确保了猪食不浪费于不必要的能耗……

为了给我们关于高密养猪的讨论吹来一股清风，让我们读一读一家饲料公司老板写给《农民周报》(1961 年 11 月 7 日)的一封信的片段：

> 在上一场战争中，我租了一所被弃的房子还有一座农场建筑物，抓来约 100 只猪放养在里面。房子的一堵墙已经塌倒了一部分，但是楼梯还是完好的。楼上有寝室，猪也能爬进去。饲养员报告说，每天晚上似乎都会发生寝室争夺战，白天里，猪们楼上楼下互相追逐乱跑。

> 我养过的猪的表现从来没有赶上这个地方养的。

> 我已得出结论，我们的猪群对多姿多彩的环境、各式各样、质地各异的器物都有需求，需要我们提供。它们像我们人类一样，它们恨单调，它们讨厌无聊。

> 坐在庄严而肃穆、沉闷而黑暗的座位上当被告，
> 在那瘟疫肆虐的监牢里，终身拷着镣铐，
> 静等那短暂、尖锐的震撼时刻的来到，
> 砍在那又大又黑砧板上的，是那把破旧的、剁肉的大刀。

> "向 W.S.吉尔伯特道歉"(With Apologies to W.S. Gilbert)

新工厂式养殖业——图说辑要

新工厂生产线式动物饲养法牵动着每个人的心。农户、屠宰户、中间商、饲养员、家庭主妇诸多人等,皆对该产业链的形成有所贡献,尽管有人提供的是脑残式的贡献。但是,问题接踵而至,强势来袭,需要深思,需要回答。

我们究竟有多大权利主宰动物世界呢?——我们在贬损动物的同时难道不是在贬损自身吗?

我们已把它们罚到所有本能都受挫的地步,我们已把它们贬到天性乐趣几近丧失的境地。我们不允许它们在死亡之前生活。我们虐待它们到什么程度才会承认这是一种虐待?这些动物本身已经失去了健康,我们在它们身上滥用药物让它们活下去,让它们在短时间内迅速增重,这些药物也会在人类身上产生强烈反弹。动物本身不健康,它们生产出来的供人类消费的食品能健康吗?

这里必须强调说明的是,下面几乎所有照片都是打闪光灯拍摄的,因为这些动物一直在黑暗中挣扎着活命。它们生活中诸多天昏地暗、闷闷不乐的真实境况很少能被我们的镜头捕捉到。

图1 这头小肉牛在黑暗、几乎难以容身的拴缚牛栏舍里艰难地度日。每天只在两次喂料时才能见到光亮。当它面前的挡板拉下的一刻，它凄苦的表情清晰可见。我们没有看到禁闭在右侧栏舍内的小肉牛。

图2 传统农场生产无论多么低效，总是能为乡村美景增添视觉快感；同时，一种感觉也在人们心中油然而生，这不正是动物们的天然乐园吗？在完美的传统农场上，农民与他们的牲畜之间有一种和谐统一感，他是个农民，因为大豆高粱、猪马牛羊已融入他的血脉，从中获利，如果还算重要之事的话，也在次要考虑之列。他承认动物享有所有生物的权力。他也承认，只有健康动物才能产出健康食品供人类消费。他辛勤劳动，为的是提供这种产品，也因此赢得了人们热情的尊重，其尊重的表达都离不开"农民的形象"这个词组。

拍摄者：罗纳德·古蒂尔（Ronald Goodearl）

图3 这种新型养殖场很像一家厂房绵延散乱的工厂。场房的画面很扎眼，令人不快，原有乡村美景消失殆尽。这一座座长长的斜坡棚屋型饲养场房完全是追功逐利的产物，每座场房一头都竖立着一个巨型料斗，向场房里面永久封闭笼养或拴养的畜禽供应日粮。这种新型养殖场已完全沦为一种商业操作，操作者是商人，不是农民。他们的生产线式饲养畜禽的方法恰好开了生物进化的倒车，把高等动物降级到低等植物阶段，目的就是为了把动物变成一部部高效的"料转肉"的机器。随着乡野里动物越来越少，孩子们也失去了宝贵的遗产。

照片拍摄：由公共采购和供应农业合作社（C.A.A.C.A.）提供。

图4　这是"环控饲养房"。它们像雨后春笋在农村各地不断涌现。它们在细节上略有不同，但大体上基本相同。环控意味着完全与外界隔离。房舍两侧墙壁下方开有通风孔，取代了窗子，室内完全靠人工照明。这就意味着要严格遵循特殊的照明布局，要么，就让动物呆在虚拟黑暗中，因为当今人们常常认为暗养能预防动物因久立不动、久卧不动、过度拥挤、孤独无聊而引起的恶癖。舍温是由温控器控制的，起不到什么作用，因为在热浪滚滚的日子里，排风扇很少能够把温度降下来，而人工制冷对多数养殖场来说，成本又太高。动物的实际房舍条件彼此变化极大。肉鸡和一些蛋鸡一般在被称为深垫草的厚厚的一层刨花子上饲养。深垫草需要经常翻动以保持干燥，只在两茬鸡分别入栏和出栏送宰之间，才彻底更换一次垫草。其他一些蛋鸡在铁丝网地面上饲养，但也可在舍内自由活动。但是，较大比例的蛋鸡与肉兔是在多层叠笼里饲养的，它们的爪子只能站在铁丝网上。猪是在做过隔热处理的混凝土地面上饲养的，上面没有任何覆盖物。但犊牛是在板条栏舍的"板条"上饲养，"板条"可以是木条、混凝土预制条或金属条。采用这些方法目的都是为了减少饲养员的保洁劳动量，他们只需在每茬动物出栏送宰后搞一次大扫除即可完成保洁任务。但是，这样做确实意味着人们经常把农场动物虐到在自己的粪堆上浑噩度日的地步。而免受外界任何干扰，完全与世隔绝的更为厉害的状态有时是通过在畜舍内连续播放不同轻音乐曲目打造出来的。

照片拍摄：由公共采购和供应农业合作社提供。

图5　下面是肉兔密养场房的内部文字描述。兔笼一般尺寸是3英尺×3英尺或4英尺×2英尺，两侧与后侧为实面。紧贴兔笼一侧安装有一小兔窝箱，内铺稻草，雌兔在此产子。每只兔笼前部都设有白色料槽，当中盛有兔用粒料，兔子可从一滴水阀里吸水。母兔平均一窝可生八只仔兔，但是1/3在八周龄出栏重四磅的送宰要求还没达到时即夭折。兔皮毛主要用于制帽业。

拍摄者：《农夫与养殖者》

图6 此张照片，下面几页后还有一张照片，拍摄的都是典型肉鸡房的内部情况。两张照片拍摄的鸡都是五六周龄。不难想象到了九周龄长到足够大并可随时送宰时那种拥挤状态该是什么样的。每只鸡的最大平均容许空间为0.8平方英尺，即一张大页书写纸那么大的面积。农业部发行的一本宣传册将肉鸡房里的空气描述为"布满灰尘、潮湿、充满氨气"，这种环境给刚迈入鸡舍的人一种强烈的冲击。鸡从六周龄即开始在人造黑暗中生活，以避免染上在密养状态下难以避免的恶癖，如啄羽癖和互食癖。暗养也能确保不浪费能量于运动消耗之中。请注意看那些悬挂着的诸多料斗，其填料一般是自动完成的。而给水管多数已被砌堆的鸡只给掩盖住了。预防小鸡互相伤害的其他方法包括断喙法、佩戴不透明眼睛，以阻止鸡直视前方。最后，鸡终见天日之一刻，乃是它们被塞进运输笼送宰之时。

拍摄者：德克斯·哈里森

图7

照片拍摄：右上图由美联社（Associated Press）提供；

下图由A.C.摩尔（A.C.Moore）提供

图8 装有待宰鸡的板条箱就叠放在肉禽加工厂屠宰车间一面墙边，车间里发生的一切都尽收待宰鸡的眼底。当轮次到达时，鸡被从板条箱里抓出来，绑腿倒挂在屠宰传送带上，随带慢慢移向屠宰工。一般认为钩腿倒挂的姿势更方便使血液集中到头部，当喉部切开后，放血速度更快。加工过程的每个环节几乎都是鸡在传送带上倒挂姿态下完成的。活鸡一般要倒挂长达五分钟才能断喉放血。

照片拍摄：由《人民》（*The People*）提供

图9

照片拍摄：由《人民》提供

图10 有些肉禽加工厂使用电晕器使鸡失去知觉再传送到屠宰工那里处理。但是，如上图所示，很多鸡却躲过此劫，结果在知觉完全清醒的情况下就被隔断了喉咙。这时，只见这些断了喉但没死的鸡在"放血槽"里猛烈地把血扑打出来，在放血槽的另一端是褪毛缸。据估测，被清醒割喉的鸡中有五分之二是活着被扔进滚烫的褪毛缸里的。有一位名兽医曾这样说，在他看来，预先未被电晕就实施断喉术的行为是惨无人道的，因为被宰鸡在确有感觉的一定时间里明显可感受极大的痛苦。

这里有一个难处，即发明出合适电晕器的速度老是跟不上传送带的提速。在大型肉禽加工厂里每小时屠宰量高达4500只。业内人士从未感受到有什么义务或责任在屠宰提速时还必须顾及到相应的电晕器的到位与否。现在人们已经开始呼吁就此问题立法，立法是当前迫切需要解决的问题。

照片拍摄：由《观察家》提供

图11

照片拍摄：由公共采购和供应农业合作社提供。

图12 小牛肉生产用犊牛是从畜禽交易场上买来的"博比"淘汰牛（奶牛种牛繁育出的不适合肉用养殖的小公牛）。但是，它们遭受的苦难并未就此结束，刚出"油锅又跳进了火坑"。小肉牛的一生从头到尾就是被剥夺了一切的一生。

照片拍摄：左图由《每日镜报》（*The Daily Mirror*）提供；
右图由德克斯·哈里森拍摄

图13 出生后的头两周里，犊牛还可以躺在少许稻草上感受到稍许的温暖
和舒适。但是，两周后就大不一样了。它们只能站在或稍许蹲卧在
木板条地面上，以防止它们渴求更多的粗饲料并咀嚼稻草以补充
铁。照片清楚地显示栓绳非常短（以防犊牛啃咬木条或立柱）。

图14　喂料时间最远处那头牛正稍事休息，在舔着门把手。这些犊牛不管什么金属都会去舔，以满足身体需求。值得指出的是，尽管犊牛久立不动，身体已经很不舒服，但它们还要全面承受热浪的煎熬，而连滋润一下自己的嘴都不被允许。必须让犊牛保持饥渴状态，这样在每次喂料时它们才能喝掉超常多的代用奶。该种代用奶含有脂肪的比例非常高，目的是提高育肥增重的速度。在过去一两年中，用小肉牛的舍饲方式来养小菜牛的趋势已经出现。许多小菜牛也被剥夺粗饲料，因此，像小肉牛一样，由于只喂给精饲料，它们也滋生出一种对粗饲料的渴求欲望。有两点值得注意：小肉牛养到满三月龄时即可屠宰，而小菜牛要养到满12个月龄时才可屠宰。截止此书付梓之时，每年出栏小肉牛数量已达到2万只，而每年小菜牛出栏数量也达到了以成千上万计。

拍摄者：德克斯·哈里森

图15　小牛肉场的终极生产目的是为了满足大众消费者对所谓浅色牛肉的
"无辜与无知"驱使的形象性购物心理。为了实现这一目的,小肉
牛被套上了脖套,并用一根短短的栓绳紧紧地拴在了两根立柱上,
只容许头上下滑动,而严格限制了其他任何运动。犊牛站在或顶多
半卧于板条地面上,常常处于几近全黑的环境里,有时拴缚在板条
箱式牛舍里。因此,属于群牧动物的犊牛本来应该享有一点畜群
感,而这种十分重要的福利也被无情的隔离饲养剥夺殆尽。有些犊
牛的头在两根前立柱之间被永久拴缚。

另一种被严重剥夺的权益发生在饲料供应中。犊牛严格限喂代用
奶,不许接触反刍动物生理上渴求的任何粗饲料。不仅如此,代用
奶严重缺乏铁、维生素A及其他营养成分,其配方目的就是使犊牛处
于贫血状态。上面照片中的犊牛面前的挡板只在喂食时才拉下,其
他时候犊牛被关在里面。请注意,即便在板条箱式牛舍里犊牛仍然
被拴缚紧紧的。

照片拍摄:由《每日电讯报》提供。

图16

照片拍摄：由《农夫与养殖者》提供。

图17 这两幅特写照片显示出一般养殖场配给小肉牛的空间与条件。仔细看可见拴在犊牛头上的栓绳和绑架在后腿上的"轭",两项都是为了束缚住犊牛,让它想动也不能大动。牛尾巴都沾满了牛粪。无论蚊蝇怎样折磨犊牛,它也无能为力,只能强忍痛苦。也可看到,由于营养缺乏且在板条地面上不断调整平衡所造成的压力,犊牛膝关节已经肿大。体重较大的犊牛的牛蹄子有的已经变形。

拍摄者:德克斯·哈里森

图18 我所访问的最好的和最差的小肉牛养殖场中各一个。上图中犊牛没有绑缚，下面铺有垫草，垫草上喷洒有消毒剂，以防犊牛咀嚼。从打开的挡板处，一缕缕阳光飘射入舍内。他们被剥夺的东西只发生在饲料里。下图中犊牛的头是永久拴缚在两立柱之间的。请看靠近照相机的这头犊牛，他的两条后腿和臀部整个都是脏兮兮的。牛舍已经进行了阳光遮挡处理。犊牛躁动不安，增加了拍摄它们的难度。

拍摄者：德克斯·哈里森

图19 就是在传统农场上，犊牛的畜舍也不尽如人意，但是，照片展示的这个牛舍里，至少栓绳较长，犊牛可以舒舒服服地躺在垫草上。

请注意看下图，拴缚犊牛的绳子显得十分粗糙。同时还可看到，虽然从表面上看饲养条件与上页照片上是一样的，但是，这些犊牛，尽管也是栓着的，但是它们的头除了在喂食时间里，一般没有夹在两根立柱之间。第二头犊牛忍受不了头始终夹在两根立柱之间的痛苦。

拍摄者：德克斯·哈里森

图20 叠式格子笼多数安装于环控鸡房里。对其他动物来说，遗传育种学家则利用精选良种来培育料转肉能力强的品种来达到高产目的，而对蛋鸡来说，他们的育种目标则是产蛋率高，低产鸡则被高产鸡取而代之。叠式格子笼养鸡房就等于一家鸡蛋工厂，实现了生产化，运行工厂化。科研人员进行了无数次实验，如，研究结果显示，做过鸡冠与肉垂切除术的母鸡吃料少，下蛋多；照明多少与产蛋率无关；鸡粮里添加黄色素会使母鸡生出金黄色蛋黄的鸡蛋，家庭主妇们常把这种蛋黄与优质鸡蛋联想到一块。叠式格子笼鸡房给卫生保健管理部门带来的严重问题是，每层鸡笼笼底摆放的鸡粪盘子成了苍蝇的完美孳生地。而在实地鸡房里，鸡会吃掉苍蝇的卵，因此把苍蝇的密度控制了下来。但是，在这种笼养鸡房里，苍蝇得意地滋濡繁生，并且对几乎所有的杀虫剂都产生了抗药性。

照片拍摄：由斯特林家禽制品有限公司

（Sterling Poultry Products Ltd）提供。

图21 利用天然方法生产的食品的需求量远远小于人工强制生产的廉价"硬派"食品，但前者却能提高消费者的健康水平。席卷业内的一些实验研究势头可能会阻止人们对所研究项目的全部副作用进行充分的探讨。这才是问题的危险所在。例如，人们充分认识到了业内过量使用的抗生素、激素、镇静剂、杀虫剂与生长刺激剂最终会对人类有什么副作用了吗？对此，有些科学家已经深表忧虑，我们当然也要驻足反思：这一切都在往什么方向发展？我们是不是在以所谓效率与进步为说辞，把一种恶劣的"传统"传承给我们的后代？

拍摄者：A.C.摩尔

图22　有些小母鸡是在层级叠笼里饲养的，从来没有体验过自由为何物。
蛋鸡在被倒挂在肉鸡屠宰传送带之前的产蛋"生涯"里唯一功能就
是尽可能生更多的蛋。一开始，满足于一笼一鸡，后来就一笼放两
只，结果也都成活了。一直到现在，一笼三鸡也得到了认可。你可
清楚地看到这种养法留给鸡多大的下蛋空间！有些鸡笼的高度又降
了下来，这样鸡要想伸伸脖子，就得把脖子探出笼外。
母鸡所站立的铁丝网笼底呈1/5的倾斜度，以便于新生蛋滚走。鸡
粪透过笼底落在鸡粪带上。鸡笼的供料与供水完全是自动化的。
照片拍摄:由《农民周报》提供。

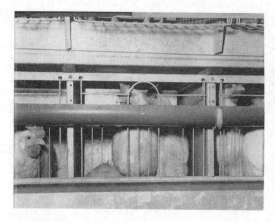

图23 嗯？嗯！又一个大晴天！

拍摄者:肯尼思·奥尔德罗伊德（Kenneth Oldroyd）

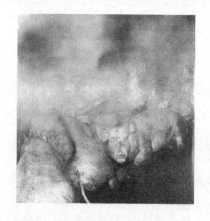

图24 唷？唷！

照片拍摄：由《农民周报》提供。

第七章　质量的基础

历史上,大众的食品意识也许从来也没有表现得像今天这样强烈。商店里,五湖山珍,四海美味,南北果蔬,东西醇酿,花样百出,琳琅满目。它们包装精美,上灶待烹,有些甚至开盖即食,并配以食谱,如何粗细搭配,调色改味,其方法一应俱全。忙碌的家庭主妇摆出一桌精致美味、有饭有菜的大餐,已是一盘小菜。

可是,寻常家庭主妇或家庭主男对于食品知之多少呢? 诸如,种植、养殖知识、加工知识、营养知识等。在她自我形象感知中,她觉得自己既然读过那么多论节食减肥的文章,尤其是谈瘦身的文章,那她一定已经积累了不少关于卡路里、蛋白质和维生素的知识了。每次购买食品时,她都小心翼翼,再三掂量。但是我们要问,她真正学到的食品知识有多少? 有多少人跟她讲过白面包与褐色全麦面包的区别、白糖与红糖的差别呢? 她知道一种品牌是另一种品牌的弱化版、去矿物质化的空版本吗? 一片细磨磨的全麦面包的营养价值超过五片白面包吗?家里有一大帮孩子要喂养的贫穷母亲,或者靠政府施舍小额养老金生活的市民,在买廉价白面包来果腹时,他们会停下脚步来好好思量一下他们买的是不是垃圾食品吗?

事实上,究竟有多少人会驻足思考吾今食之甘饴铸就明之吾之躯体,用那句德国谚语来说,就是"吃什么样的东西,长什么样的身体呢"?

食物是生命的基础。不摄入充足的食物，我们就会死亡，不进食适量的适当食物，我们就可能出现亚健康、不健康的状态，不能享受高品质生活，不能正常工作，不能卓有成效地思考。外科医生与营养学家罗伯特·迈克加里森（Robert McCarrison）爵士在他的《营养与健康》（*Nutrition and Health*）一书里对营养过程做了如下的解释：

> 营养的功能发挥所涉过程包括如下环节：咀嚼、吞咽、消化、吸收、循环、同化和排泄。最后一项包括出汗、呼气、排尿和排便。因此，营养过程分三个阶段。第一阶段是在消化道里由消化道完成的。第二阶段是在构成机体的细胞里由细胞完成的。第三阶段是由具有排泄功能的器官完成的，包括皮肤、肺、肾脏和肠道等。营养功能运行所特有的诸多生理活动不仅依赖于以上所有生理行为的有效实施，而且以上所有生理行为的有效实施也依赖于实施这些行为的有关器官与组织的营养状况良好，功能运行高效，明白这一原理是十分重要的。

> 鉴于此话题的需要与此原理讲解顺序的需要，此处有必要说明一下这些生理行为的重要意义：咀嚼、消化、吸收、同化等等。不过，只要对这些生理行为所涉具体生理过程，概要了解，略知一二，也就足矣。不随意肌肉的有序收缩，各种消化液与其他体液的分泌，各种加速各类生化反应的酵素、酶与催化剂的精细、精准分泌，造血物质的生成，体液的交换，营养向机体远端与隐窝系统的运输，体内代谢终产物、毒物和废物的清除与排泄，加之其他许多重要生命过程：所有这些过程都要受食物所含的营养成分有利或不利的影响。在这方面，消化道与器官（包括牙齿）都参与其中，因此，其地位至关重要。共同构成了高度特异化的生理生化机制，专门负责机体营养供应与代谢。营养功能运行是否高效首先依赖于该机制的功能发挥是否高效，而后者反过来又依赖于食物的营养成分……

对我们正在消费的食物以及其种植、养殖与加工生产,我们需要有相对透彻的理解,这一点已经变得日益明显。这种知识完全属于常识范畴,并不意味着我们需要在这方面变得很潮很酷。

医学的当务之急就是救死扶伤、治病救人,而不是调养生命、增进健康。伦奇(Wrench)医生在《健康之轮》(*Wheel of Health*)一书中,这样描写他自己接受的医学教育:

我们以死人知识启蒙,从死人身上解读死亡威胁即疾病或轻或重的临床表现。通过对这些临床表现进行描述,我们的教科书逐渐变厚,我们也对健康有了更进一步的思考。然而,当我们达到真正健康时,如到了英国公学的敏锐时代,健康学习旋即辍止。而疾病的人类代言人,即患者,已经痊愈了,我们还有我们的老师都不再挂心他们了。我们不研究健康人,我们只研究患者。正所谓,"人病医生需"——疾病是我们这些专业技术人员存在的理由。

而且,医生的数量也很可观。在其数量之大与实际需求之间,自然有其必然性,且被认为是理所当然的。

伦奇医生还有其他一些远见卓识的医生对当年的人才培养方向并不完全满意。他们认为医学教育的起点倒过来则更加实用,即先学习健康状态与真正健康人必备的素质与要素,当然,也要学习偏离健康轨道后的后果。他们仍然觉得,这样实施医学教育比起当今医生碎片式、对症下药式的医疗思维来说,会使我们离一个总体健康水平较高的社会更近一些。在业内,这些医生,就跟那些拒绝与世偃仰的人们一样,常被视为另类"非典"人士。但是,这些医生却砥砺奋进,尽管缺少科研经费,也把他们自己的项目进行到底,并得出有意义的、结论性的结果。许多人厚积薄发,著书立说,其著述、其学说读之引人入胜,颇具权威性。

他们科研的抓手首先是找到居民健康水平高的模范社区,然后对其进行实地调研,以发现他们的生活方式中有哪些与众不同之处,使得他们能够健康无病地生活,而我们则是靠运气好而免受疾病折磨。外科医生与营养学家罗伯特·迈克加里森爵士的《营养与健康》（*Nutrition and Health*）一书告诉我们，健康是一个积极因素，它等同于机体每一种功能的完美运行，而不是等同于医学上的通常解释，无病即健康。

美国牙医韦斯顿·普赖斯(Weston Price)医生和他的太太共同商定，利用假期去到健康与体质水平高的社区进行调研，他最后总共报告了约有 50 个部落或社区，分布于世界各地。他的书非常耐读。他的调研发现可简而言之如下（《营养与身体的退化》[*Nutrition and Physical Degeneration*]）

> 临床与实验室研究方法并用，研究历经数年，研究发现日积月累，其证据越来越多，解读起来，本人认为它们都强烈地指向一种问题的所在，即我们现代医疗系统缺失某些最为基本的因素，而不是出现了某些有害因素。那么，人们立刻想到，实施调控，迫在眉睫。要做到这一点，有必要定位出世界各地那些原始种族世系中很容易找到的孤立"遗存"下来的高免疫力人群。对这类人群进行批判性检验的结果显示，这些人群只要远离现代文明，继续按群内世代口耳相传下来的民智民俗所指导下的营养配餐知识来生活，那么，该人群就会对很多侵害我们的严重疾病保持较高水平的免疫力。在所查同一组种族世系人群中，凡是放弃与现代文明隔离并"皈依"现代人的食物与饮食习惯的个体，则会过早失去原来所在群组的高免疫力特征。以上研究项目也对比分析了现代文明隔离组的食物与现代文明组的替代食物。

这些现代文明隔离群来自世界各地，其宗教信仰、气候条件、饮食习惯、生态环境等彼此均有不同。但是，他们都分享一个、也是唯——个共同点，就是他们所吃的食物都是在肥沃土壤上栽培出来的，而且多以全麦等原粮而不是成品粮形式加以食用，同时又即收即食，新鲜而天然。他们强壮的体魄就是由此铸就的。而现在，现代文明蚕食了他们的生活方式,白糖、精白面粉和加工食品占据了他们的厨房,至此,人的健康与活力的前后强弱变化已立见分明。

普赖斯对营养的重要性问题追本穷源,悉究本末,限于篇幅,在此实难详细讨论。他深信,在一个健康的国度里,人人心态平和,很少烦恼、郁闷与愤恨之困扰,在其社会生活中,和谐相处,互相之间留有自由空间。迈克加里森依据他在印度南部泰米尔纳德邦的库奴尔(Coonoor)镇所做的老鼠实验构建了自己的理论框架。

这些医生的研究发现令人警醒,他们大声疾呼,让人们了解食品质量的构成是什么,让人们懂得食品质量与健康如何息息相关,与整个生命的基础如何脉脉相通。覆盖境内600名家庭医生的英格兰西北部柴郡自治领(County Palatine of Cheshire)各地方的医学与专家组委员会(Medical and Panel Committee)也都纷纷响应,联名上书谴责《国家健康保险法》(*National Health Insurance Act*),他们认为,该法对健康的理解既不充分,也不深刻。

该控告文书其质疑透辟,结论贴切,功莫大焉,20多年后的今天读来仍觉其鞭辟入里,入木三分。如此明证,如此灼见,除了对当时当地农民与社区居民颇有影响之外,对那个时代产生多大的冲击力,我们不得而知,但是,这些医生今天定会比当年更加强烈地感受到,无论在个人层面还是在国家层面,基本思想的缺席仍然是十分严重的。

现摘其中数段如下:

> 该法标题开明宗义,宣告其宗旨是致力于"疾病的预防与治疗",试问,此目标完成情况如何?

> 对其第二项——"疾病的治疗",我们可以蛮有把握地说,如果"死亡事件的推迟"就是治愈的证据的话,那么,其目标已经达到:"总登记处"的生死登记数据显示,平均期望寿命会受几种因素影响,当然,专家委员会的贡献必在其中。

> 考虑到患病率在上升,死亡率的下降则更为引人瞩目。现在

去医院就医的患者人数逐年增多,医保基金支付也同时在攀升。

对于第一项——"疾病的预防",也就是对于该法案所做出的承诺的兑现情况,我们实在不敢恭维。

尽管医生会把病因讲给患者听,但是,此时患者最需要医生做的是与时间赛跑,和"死神"夺人。即便防病之道写进预防医学书中属见兔顾犬,为时不晚,但是在抢救凶险病人的分秒必争当中,医生对其已无暇顾及。首要的事要先做,重要的事要做好,在这方面,该法案"慵懒无为",一无所成。

我们觉得这是我们要面对的现实。

我们每天所做的调研结果不断地指向同样的结论:"疾病是一生营养供应错误导致的结果!……"

在我们看来,外科医生与营养学家罗伯特·迈克加里森爵士给我们提供了一把万能钥匙,这样,我们可以将这种知识整体地应用于实践中。

他的实验结果为食物的健康效应提供了有力的证据,同时也为所获知识的运用提供了指导。

在描写他在印度所做的实验时,他首先提到了印度 3.5 亿人口的多元种族构成。

"每个种族都有自己独特的国民饮食习惯。这些种族最为引人注目的特点是他们的体格各异,且方式特别。有的体格优异,有的体格较差,有的体格一般。造成这种差别的原因是什么?当然,许多原因皆有可能:遗传、气候、特殊宗教信仰与其他风俗习惯,还有地方流行病等。但是,我们在研究过程中的发现越来越显示,上述这些因素并不是主要原因,主要原因似乎是食物。例如,有些种族内部不同阶层均受以上相同因素影响,但是,他们消费的食物却彼此不同。这些种族的体格各异,由此看来,造成他们之间体格差异的唯一因素似乎就是食物了。那么,紧接着的问题就是,怎样才能证明不同印度种族之间体格的差异是由饮食不同引起的。为了找到这个问题的答案,我用大白鼠做了一个实验,目的是探索,在保证良好营养供应所必需的其他条件都存在的条件下,这些不同印度种族的饮食对他们的体格都有什么影响。用大白鼠做此类实验的理由包括,人吃的食物大白鼠都吃,养鼠卫生环境容易保持,实验样本数量大,鼠笼可晒在阳光下,营养代谢所依赖的化学反应的过程与循环同人类的相似,大白鼠生命周期中的一年相当于人类生命周期中的约 25 年。这样一来,人们用鼠实验几个月即可得到的结果,用人实验则需要好多年。我的实验结果是,如果健康品种的大白鼠从生长发育阶段开始即喂以与体格好的人群吃的相似的食物,那么,大白鼠的体格与健康状态也同样好。如果它们喂以与体格差的人群吃的相似的食物,那么,大白鼠的体格与健康状态也同样差。如果它们喂以与体格一般的人群吃的相似的食物,那么,大白鼠的体格与健康状态也同样一般。"

实验专设一特殊组,专门饲喂印度西南部的英印邦特拉凡科(Travancore)地方食物,其中很大一部分是木薯淀粉。实验结果显示,该组患胃十二指肠溃疡的病例大大高于其他组。这一结果很能说明问题,特拉凡科人消化系统溃疡的发病率较之印度其他地区的人群要高很多。

"因此,在其他影响因子等同的前提下,体格的好坏,不同的种族,情况也不一样,但却与饮食质量的好坏相关联。不仅如此,最好的饮食方式就是北印度地区的那些能吃苦耐劳的、机敏活泼、充满生机的种族①所采用的饮食方式。""用新磨成的全麦面粉未经发酵的死面面包做成的蛋糕,牛奶,奶产品(黄油、凝乳、脱脂乳),豆类(豌豆、菜豆、扁豆),新鲜绿叶蔬菜,根茎类蔬菜(土豆、胡萝卜),还有水果,偶尔还有肉类:这就是他们的饮食类别结构。"

---

① 克什米尔地区的罕萨人(the Hunza),锡克教人(the Sikh)和住在印度西北国境的帕坦人(the Pathan)。

"在我的实验室里,我养了几百只大白鼠用于繁育。饲养条件非常完美。清洁的环境,宽敞的鼠笼,舒适的底垫,充足新鲜的饮水,清新的空气,明媚的阳光:所需条件,应有尽有。同时供给他们同体质优异民族饮食结构相似的饮食。从新生鼠一直养到两周岁——这段生命周期恰好对等于人类生命的头50年。在此期间,它们没生过病,没出现自然死亡,没出现孕产鼠死亡,只偶尔发生过意外事故死亡。在鼠群笼养环境里,健康得到了保障,疾病通过提供六种要素得到了预防:清新的空气,纯净的饮水,卫生的环境,充足的阳光,舒适的休闲,优质的食物。当然,人类不能像笼养大白鼠一样生活,但是,实验证明以上这些要素对于保障健康是十分重要的。"

"下一步就是探究这种极佳的健康、无病状态与优质食物有多大的关系,这种食物包括全麦面粉蛋糕,牛奶,黄油,新鲜绿叶蔬菜,豆芽,胡萝卜,偶尔还有带骨肉,以确保牙齿正常。于是我就在它们的食谱里砍掉牛奶和乳制品,或把供应量压到最低,同时切断新鲜蔬菜供应,而其他条件保持不变。结果怎样呢?肺病、胃病、肠道疾病、肾病和膀胱疾病都纷纷露面。这样看来,良好的健康对优质食物的依赖要超过对其他任何因素的依赖。日粮只有在全价供给尤其是不能少了牛奶、黄油和新鲜蔬菜的前提下,才能起到促进健康的作用。"

"接着又做了很多实验,其结果都证明,当大白鼠或其他动物被供以某些人类惯用的不合理饮食,它们就可能染上这部分人类常患的许多疾病:支撑机体的骨骼疾病,覆盖机体的皮肤病,作腔室、通道衬里的黏膜疾病,分泌控制生长、调节发育过程与繁殖的分泌物的腺体疾病,高度专门化机制控制系统的疾病,如负责机体营养供应的消化系统疾病、呼吸系统疾病、神经系统疾病。所有这些动物病症都是在实验室条件下制造的,手段是用有缺陷的人类食物来饲养动物。关于这种实验,先举一例如下:两组同龄大白幼鼠分两组分别关在两只同样大的笼子里。每组除了食物为可改变的变量之外,其他条件都被人为控制相同。一组喂以质好食物,与印度北部一体格健壮而健康的种族的食物相似。其食物的具体种类构成已列举如上。另一组喂以该国许多人食用的常见食物相似:配餐包括白面包,人造黄油,午餐肉,苏打水煮蔬菜,罐头果酱,茶,糖和少量牛奶。该配餐距离营养配餐差距明显,其中奶与奶制品、绿叶蔬菜、麦麸面包等严重不足。这就是真相。优质食物饲养的大白鼠发育较好,很少患病,集体生活和谐快活。劣质食物饲养的大白鼠发育不好,患鼠较多,集体生活并不和谐愉快。情况如此严重,以至于到了实验的第十六天,该组内的强者开始杀死、吃掉弱者。我不得不把它们拉开。鼠病主要有三大类:肺病,胃肠疾病,神经疾病。英格兰和威尔士的医保人群中,每三个患者就有一个正在受这三种病折磨。"

这些研究规模较为庞大,但具体操作细致入微,每(实验/对照)组的条件控制统一而一致,并达到理想化,只有食物一个变量。研究结果对我们来说,确信无疑。我们中间一些人从他们的研究启示中汲取了教训与教益,他们惊奇地发现有些患者已经修改了他们的食谱,而这种修改正好与这些研究给人的启示合拍,其受益之大,可见一斑。

当然,我们这里提出的说法其目的远不是提倡某种具体的营养配餐。

有些种族的饮食结构各异,但是他们照样健康无病:爱斯基摩人(Esquimaux)吃肉、肝脂肪和鱼,锡克教人或克什米尔地区的罕萨人吃印度麦粉面包、水果、牛奶、豆芽和少量的肉,特里斯坦群岛人(islander of Tristan)吃土豆、海鸟蛋、鱼和卷心菜。

但是,当今时代的人所吃的食物却没有遵循或缺乏上述种族饮食习惯中的某些原则或品质。我们的目的在于指向这个事实,并提出纠错补缺的必要性。

在这些饮食结构中难于提取共性因素,且这样做也容易产生误导,原因是有关这些因素的性质我们知之甚少。但是,有一点我们倒是可以说,食物以鲜为上,求完整,少改变,农业来源食品的自然循环应该是:

农业来源食品的自然循环应该是完整无缺的:动植物废物/—土壤—植物—食物/动物—/人。

自然循环中间没有任何化学或代用环节介入。

阿尔伯特·霍华德(Albert Howard)爵士在植物营养学方面所做的研究工作,启动于印多尔市(Indore),最后走出印度,遍布世界很多地区,他在上述循环中构建了自然的一环。

根据中国古代的传统方法,社会生产生活活动中产生的动植物残体和废物经过处理后要完整回归田野,即"秸秆还田""残体还田"等。霍华德爵士证明了中国古代的传统方法是促成当地动植物包括以其为食的人类的健康与生产活性的主要原因。

尽管我们对这方面的问题没有直接责任,但是,家乡的土地能得到更好的地力培肥,以便有新鲜果蔬、粮食源源不断地送上家乡人民的餐桌,阻止目前的土壤养分耗尽,恢复并永久保持地利,这些工作却与我们每个人密切相关。因为食物的营养与品质是维持健康的最重要因素。除非构建我们机体的材料是优质的,否则任何健身运动都不会成功。目前看来,它们并不成功。

我们所做的工作有一半可能是徒劳的,因为我们的患者从摇篮里、甚至还没放进摇篮时,就一直吃这些食物。以至于最后变得柔肤弱体,鸡肋承拳,壮大了 C_3[①] 民族。就是我们的农村人也分享白面包、罐装鲑鱼和奶粉饮食保健法。希腊暴君科林斯王西西弗斯(Sisyphus)死后得到的惩罚是把一块巨石滚上山坡。每次快

[①] 英国一战时的《兵役法》中规定的新兵体质等级从 A_1 到 C_3 不等,C_3 级属于不适合战斗训练的等级。

要滚到山顶，巨石又会滚落回山脚，他又得重新开始，如此永远反复下去。要扭转上述生活方式、饮食习惯，医生所做之事，跟西西弗斯王的努力性质上别无二致。

这就是我们的医学明证，给予所有有关之人，还给予那些无关之人吗？

我们既不是专家，也不是科学家，也不是农业学家。迈克尔·德雷顿（Michael Drayton）说，我们是一个大郡的家庭医生代表，一个吃得很好的郡，一种无法与其比美的奶酪就以该郡名字命名，当然只是许多英国人这样认为，不好意思，只不过命个名罢了。该郡的理想化农业仍然能够进行下去，能养活当地的工业区人民，并有结余满足更大地区人民的粮食需求。

我们只能点拨通向健康的手段，除此而外，爱莫能助。医者有医者的业力，医者不负责主动产出与提供确保健康之手段，我们只做到随叫随到，救死扶伤。即所谓"道不轻传，医不叩门"也。就目前知识现状来说，指出许多疾病甚至多数疾病，是可以预防的，即可以通过人们采纳恰当饮食结构而加以预防——对于这一点，我们有责任"开启民智"，以不辱医者之使命。

这就是我们得出的结论：为了使人们处于身心健全、健康的状态，亦即机体的每个器官都功能正常，我们必须遵循土壤、植物、动物、人、土壤的生命自然循环。一旦我们对这个循环做了手脚，我们就会在某种程度上失去健康与对疾病的免疫力。

土壤协会（Soil Association）在其位于英国东部萨福克郡（Haughley）豪莱村（Haughley）的实验农场上，正在继续一项有趣的长期实验，旨在验证这个论点。鉴于这个实验不失为一个贴切话题，不妨在这里略加介绍。该农场一分为三，用以对比连续世代作物所产粮食对连续世代农场动物所产生的营养效应。栽培这些作物的土壤类型相似，所处地块临近，管理方法相同，但是土壤处理系统不同。地块一为纯有机区。从事畜禽养殖,但不使用外源饲料或化肥。地块二为混合区,从事传统农场生产,最大限度地利用化肥等辅助手段。地块三为无畜禽区,尽管从事传统农场生产,但不养殖畜禽。

25 年后撰写的一个项目进展报告证明,证据又一次摆在我们眼皮底下,又一次提供了对先前所引以往研究所提出的观点的支持。下面所引综述概括了豪莱村实验(Haughley Experiment)研究团队所发现的趋势。

> 混合区常施用化肥来强化有机肥料,其饲料与粮食产量通常(尽管不总是)高于有机区,当然也高于那些令人迷醉的大草原。结果混合区畜禽的冬季日粮配给常常要比有机区的高出5%—15%。

> 尽管混合区的日粮摄入多,但是,自从 1956 年第二代奶牛入栏以来,有机区奶牛的牛奶产量,不管是总产量还是牛均产量,或平均亩产量,都高于混合区。同时,有机区的奶牛状态更好,更有活力,满足感更强,性格更加温和。这种"耗料少产奶多"的经验是迄今为止最为有意思的农业生产发现之一,若考虑到牛奶只靠放牧吃草产出的这一点,那么这一成绩则更加吸人眼球。

该报告介绍说,第二个最有趣的观察结果是,有机区种植的作物长期以来一直显示出越来越多的"自助"性质。而另两区的作物明显对人工辅助手段产生了依赖性。无畜禽区也会出现这种情况,但现已证明,即便是在混合区,不用化肥的地块不论大小,不论处于哪个位置,其作物产量明显低于有机区里相应地块的产量。反过来,有机区的最高产地块一般长期不施化肥(有的连续 35 年没施过化肥),这就说明,该地块没有出现土壤营养流失。有机区的作物对病害易感度似乎也低,很少出现营养不良的症状。

> 普通农场的农业生产过程中近十年间出现的其他明显趋势包括,有机田全天候可施工性高。各区作物生长状况只在第三代时

才出现区间差别,在谷类作物大小比例的百分比顺序为,无畜禽区作物为 10%,混合区为 7%,有机区仅为 5%。该数据来自选种过程中的统计数字。

对其中两区中饲养畜禽相对健康水平的观测其实一直在进行,且投入精力也很大。在头几代里,两区动物健康水平都很高,不分轩轾,难于取舍。但是,到了最后一两年,混合区里出现了动物活力下降的问题。

奶牛耗料少,产奶多;作物块头不大,营养丰富;畜禽更健康,更快活——这幅图画与漆黑畜舍里动物动弹不得、且几乎"浸泡"在药水里的图画有何区别呢?豪莱村实验的研究项目还要继续下去,理所当然应得到国家层面的认可。这是世界上第一次进行此类实验研究,其未来研究发现无疑会具有重大的价值。

在我们现代农业的概念里,对产量的追求压倒了所有质量观念,也偏离了理想农业的理念。下一章将要讨论一下这种偏离有多么严重,同时,还要考察一下这种偏离与发病率不断攀升、正在使用药物加以控制的种种疾病有何种关系。

第八章 数量与质量

　　健康是一种正向积极品质，并不简单等同于无病。我们观察发现，一些按原始生活方式生活的社区凭借三种良好饮食习惯打造了健康社区居民：食用新鲜的、未经加工掺入其他物质的食物，而且其来源也是健康的，这后一点是同等重要的。这些小型社区居民依赖世代相传的部族智慧和环境，保障了健康。当我们面对世界上的众多人口群体时，尤其是高密度人口集聚群体时，对理想化状态进行适当修改是不可避免的。

　　与健康有关的环境因素喜忧参半，改善与恶化并存。住房条件在稳步提高，工作条件也紧随其后。生活舒适与干净的基本水准也一年一个样。在治理严重损害健康的工厂大烟囱所造成的空气污染方面，我们颇有突破。但是，我们同时不容忽略为此付出的代价是生活（尤其是城市生活）的速率越来越快，和由此带来的拥挤，出行高峰时的拥堵，排长队等候，等等。道路上小车、公交车、重型卡车等越来越多，排放出的尾气给我们造成的伤害越来越大，噪音扰民越来越严重，航班飞行也打破了昔日乡镇的宁静。

　　所有这一切，在某程度上，都是不可避免的。然而，人类为其所害的不少麻烦却是人类自找的。为防止战争而忧心忡忡，人们就不得不制备更大当量的核武器，而核试验对大气的辐射水平也越来越高；人们滥用杀虫剂和除草剂等农药而不计后果,给生活带来了更大范围的污染;人们加工食品时破坏了其中一些基本营养——所有这些做法在这个理性启蒙的时代都令人感到不可理喻。

如果一个人对能继承给下一代的、没有它一切归零的给生命的至上献礼,即身体健康,既没有想法也没有打算,也不去争取,那么,钱挣得再多,生活过得再好,文化生活再丰富,还有什么意义呢?

人们一般认为,在过去50年里,人的预期寿命提高了。然而,我们对该定义有必要加以限定。它所提高的是每个人出生时平均可预期存活的年数,而不是老年的预期寿命。这是因为我们研制出的药物能够抑制住半个世纪以前造成儿童大量夭折的传染病。今天的儿童能活到40岁的概率大为提高了,但是,这个年龄之后预期寿命的差别就很小了。20年前闻所未闻的新药和新医疗技术的出现,加之住房与卫生条件等基本因素的巨大改善,使得预期寿命呈现如此变化不足为怪。也正是这种不足为怪的情况存在才说明生命过程中的某个环节出了问题。

现今疾病不但没有减少,我们反而对一些初期病症既不在意又不警惕,默认为生活的一部分了。当我们反思这一现象时,我们不能不觉得某些环节上所出的问题还真的更加令人担忧。过度疲劳、头疼、消化不良、便秘等症都被接受为现代生活中正常的小毛病了。对根子上已出现问题的另一个反思是退行性疾病的发病率在持续上升——心脏病,溃疡,糖尿病,蛀牙,癌症,等等。我们将这些退行性疾病视为生活中免不了的小遗憾,总觉得一些统计数据只不过是提供给官员做情况报告的素材,直到这些病殃及到了自己的朋友圈了才为之猛醒。

读到雷切尔·卡尔森的《无声的春天》里的下面这些话,有谁不会感到震惊呢?

　　……据美国肿瘤协会(American Cancer Society)估测,现在健在的美国人中将有4500万人最后会患癌。这就意味着每三个家庭中有两个将要遭受恶性疾病的打击。

关涉儿童的形势更加让人深感不安。25 年前,儿童恶性肿瘤属于罕见病。现今,恶性肿瘤在导致美国中小学生死亡的疾病中排第一。情况如此严重,以至于波士顿已设立了美国首家儿童肿瘤专科医院。1—14 岁儿童死亡的 12％是由恶性肿瘤导致的……

巴黎巴斯德研究所(L'Institut Pasteur)的巴格拉斯(Berglas)先生说,在他看来,过不了多久,人人都要受到恶性肿瘤所引发的死亡威胁。

医疗职业从业者关注的首要事情是人病以后给人治病。医生开出的处方上无数药品都是用来缓解病痛,抑制病状,而不是彻底治愈疾病的。这种职业态度的内在局限性在不断上升的健康服务成本上有所反应:1951 年是 4.86 亿英镑,1956 年是 6.24 亿英镑,到了 1961 年该成本已经上升到 9.26 亿英镑。

作为小恩小惠,我们每年支付给农民的补贴达三四亿英镑,其中大部分用来补贴那些质量不令人放心的食品生产,这实际上等于加重了疾病的负担。

作为单枪匹马的个人要想打破这种恶性循环,我们能有何作为呢?回答当然是,能,且大有可为。我们可以向那些我们了解过的与世隔绝的部族学习,设法让我们的家人吃到我们竭尽所能弄到的新鲜的、“人工未施”的食物。相比于其健康与抵抗力均受到品质差食物破坏的人来说,一个真正健康的人更能够扛得住现代生活方式给人带来的危害。我们正在故意促进那种部分破坏营养成分、甚至内含毒物的食品生产,这种做法不仅是短视的,而且几乎等于犯罪。

现代农业生产技术下的粮食与畜产品生产从头到尾都有污染。下种前要用杀虫剂洗种,接着要定期喷洒农药以减少昆虫或寄生虫造成的损失。由于涉及复杂专家操作,生物学控制难于实施。不管混合农场对提高土壤肥力有多大好处,从经济上考虑一般也不建议采用。我们给农户的建议是,最好把盈利目标集中在一两种作物和集约化饲养的一两种畜禽上。

　　大面积田地上的单一品种栽培已经使得依赖该作物生长的害虫稳稳地占据了自己的一席之地,甚至连续喷洒杀虫剂都难于驱逐掉了:

> 在原始农业生产环境下,农民很少受虫害的困扰。这些麻烦都是伴随农业的集约化生产而出现的——大面积土地用来种植单一品种。这样的耕作制度为日后某一特定害虫虫口的爆炸搭建了舞台。单一品种耕作不能利用大自然运作规律的优势,它是工程师们构想出来的。大自然极富多样性,但是人类却热衷于简化大自然。因此,人类破坏了大自然致使其中生物物种循规蹈矩的内置制衡与平衡系统。大自然的一项重要制衡机制就是限制每一物种适宜栖息地的数量。很明显,依赖小麦的昆虫在单一播种小麦的农场上要比小麦与该昆虫不适应的作物混种的农场上更容易打造自己的庞大虫口群。(雷切尔·卡尔森,《无声的春天》)

　　在过去20年里,共有200多种化学药剂被用于抗击昆虫、杂草和其他病害。现在发现,我们并没有达到目的,反而出现了投掷回飞镖一样的危险:即这些药剂的副作用正在使我们自食其果。

> 有些自称为未来设计师的人期望可以人为改变人类胚质时代的到来。其实,这一点我们现在就可能因为粗心大意而轻松做到(雷切尔·卡尔森曾说),因为许多化学物质同辐射线一样,能造成基因突变。人类自己的未来可能就由看似微不足道的小事情,诸如选择什么样的杀虫剂来左右,一想到此,不禁让人摇头苦笑。

　　除了实际食物生产过程中附带的危害性以外,食物的保鲜、储存与加工过程中所使用的添加剂也存在危害性。有些添加剂无害,但是,有些添加剂,如某些食品色素,目前已发现有致癌作用。同样有害的是在食品加工过程中某些重要营养成份已被破坏或被极大地改变。

　　土壤,种子,植物,现在又加一个,动物!

畜禽养殖的集约化又把这些危害提高了一个级别，在我看来，使得食物成为消费者的危险品了。

当兽医们迈入圈养动物的棚舍时，一定会感到一阵颤栗，动物健康的所有概念在这里都被赤裸裸地破坏了。

迫使动物远离健康迈出的第一大步就是迫使它们与土地分离。

圈养动物棚舍的地面是水泥地。如果运气好，能为农户户主赚来足够利润，它们就会分到褥草，这样在上面休息能舒服些，否则就得住在木板条或铁丝网地面上。与土壤隔离也影响了它们的食物质量。动物自选食物，其乐无穷；配合饲料，不管怎样精心配方，总没有动物自觅食物多样化。罗伊·贝迪茄克(Roy Bedichek)在他的《和一位博物学家一起冒险》(*Adventures with a Naturalist*)一书中指出，虽然那些自认为比动物自身更知道健康需求的"后屋男孩"(技术团队)给饲料中添加了合成维生素，但是，他们总会有一些动物营养方面的知识盲区：

> 从推理角度人们很容易说，舍饲饲料饲养的鸡和农家散养自由觅食的鸡所摄入的维生素或矿物质的量是同样高的。但事实却是，维生素目前并没有都离析出来，还有几种是否存在尚有争议。在维生素完整列单出台之前，对比两种食物时凭什么说一种食物比另一种食物的维生素含量高呢？不仅如此，每一种维生素的全面研究结果和维生素的全部排列组合与配方结果还没有出来。一些维生素的广告宣传在引导我们认为，我们完全可以额外花点钱买维生素片剂服用，这样，维生素的摄入可轻松得到解决，因此，根本没有必要再烦心从食物中获取。

> 让我们给未知维生素立一座纪念碑，并在它的基座上恭敬地摆放一只花环。它也许隐藏在蚱蜢或别的什么昆虫体内，隐藏得如此之深，只有鸡的消化器官才能破解它，以供人类享用……

迫使动物远离健康迈出的第二大步就是把家禽家畜禁闭起来，没有风吹日晒，但畜舍昏暗无光或几近昏暗无光，四肢不得自由伸展，哪怕是简单的动作都不能。

德国马克斯-普朗克研究所(the Max-Planck Institute)的E.A.缪勒(E.A. Muller)教授做了一项实验,测试两周期间不活动给一位健康的医学生带来什么影响。这种实验曾用来测试飞船上严格受限空间内生活对宇航员有何影响。1962 年 11 月 9 日的伦敦《标准晚报》(Evening Standard)对这次实验做了如下报道:

> 该受试学生由医生喂食,洗浴,并背着去卫生间。实验后期这些医生给他做了体检,发现该生肌肉力量损失 20%……那位教授说,该生的肌肉竟然"逐渐溶解",而他的体重却在迅速增加。

毫无疑问,肉食兽如果碰到他这顿美食,一定会觉得他的肉质口感细嫩。然而,他真的算不上健康。因此,当年有关部门做出决定,宇航员必须能够每天锻炼肌肉,以确保健康。

本项实验结果若移植到小肉牛、小菜牛和猪,甚至叠笼密养的蛋鸡和肉鸡身上,其道理是一样的。它们同样会出现肌肉松弛,速增体重的状态,但是却谈不上健康。

经历过所有这一切以后,人们还会感到不得不用药来支撑动物生命的做法令人吃惊吗? 动物健康状况的恶化正在引起农业学家们和兽医们的极大关注。

> 动物健康信托发布的一份白血性增生疾病科研计划报告指出,对这种疑难病症开展拓展性研究目前遇到的困难还很大,原因是在各地养禽业中,此病普遍存在……(《家禽世界》,1962 年 5 月 17 日)

《农夫与养殖者》对此评论说:

> ……霍顿家禽研究站(Houghton Poultry Research Station)的戈登(Gordon)博士说,有确凿证据显示慢性呼吸系统综合症发病率正在上升,已经造成严重问题。

白血性增生症病例不仅在不断增加,而且发病月龄在不断提前。在某些肉禽群体,该病呈爆发性质,死亡率相当高。(1962 年 9 月 4 日)

英国制油与油饼厂(现已不存在)的养猪总咨询师戴维·贝利斯(David Bellis)先生在一次会议上发言说,密集养殖率的提高确实起到了增效增利的作用,但也提高了疾病风险。"可能我说的有点悲观,但我相信,我们养殖场的猪 90％都患有某种临床或亚临床疾病。"(《农夫与养殖者》,1961 年 3 月 14 日)

"各类火鸡病的发病率也在上升,致命率更高,更加难于根治。"英国制油与油饼厂(现已不存在)的养禽咨询师 M. H. 福塞尔(M. H. Fussell)博士给出了如上说法。(《农业快报》,1961 年 5 月 11 日)

现已证明,在小牛肉生产过程中,健康问题不占有任何地位,原因是人为制造小牛一定程度的贫血是生产"白肉"的关键。

不健康的动物是不能生产出健康的人类食品的。这个说法,我想没有多少人反对。这样生产出来的食品不但不健康,而且具有潜在的危害性。在疾病与研发新药控制这些疾病的科学家之间正在进行一场角逐,使得道德水准一降再降,但不管降到多低,还是有利可图的。

药物是掺在配合饲料中少量多次地自动供给的,目的是让动物无限制地生长下去,出现疾病时则提高用量,增肥则使用合成激素。所有这些药物都会残留在屠宰后的动物胴体中。

抗生素

塞恩思伯里(Sainsbury)博士在 1958 年英国肉禽养殖者协会大会(the British Broiler Growers Association Convention)上说,他发现肉鸡舍是"人类设计出用来'倡导邪恶,普及疾病'的最完美的媒介之一"。我觉得我们完全可以说,不用抗生素,现代工厂化农业就搞不下去。我们已经看到,小牛、猪、家禽其舍饲空间几乎刚好容纳下它们的身体,彼此密度过大,除非使用强力手段,否则难于阻止疫病席卷整个畜棚,造成全军覆没。

"我们为什么要用口服抗生素呢?"一位《农夫与养殖者》杂志社兽医问道,"这种做法只不过是优秀饲养管理做法的替代品罢了。"(1962年5月1日)农业部发放的关于这一主题的宣传册告知农民朋友们说:"体质虚弱的动物从中受益要多于体质强壮的动物。"

抗生素对肠道细菌有抑制作用,因此有助于阻止病原菌在畜群中传播。它们所起作用有两个:阻止传染病的大规模爆发,促进动物的无抑制性生长。

猪、禽雏(不包括种禽)近期又加上了犊牛,它们的配合饲料的常规抗生素添加剂有三种。它们是青霉素、金霉素和土霉素。猪建议用量为每百万之十五单位,禽大幅减量。农业部人员说:"此种饲料添加可提高生长速率,减少每磅活重增重的料耗。"因此,也无疑会导致利润增加,也是饲料抗生素添加常规化的原因之一。让农民挣不到钱,绝非我所愿。但是,我还是要问,这种常规式强制口服抗生素的做法,对动物,紧接着对食物链的最后一环——人类本身——所产生的后果有什么长期效应,我们做过全面而细致的研究了吗?

1960年,农业委员会(Agricultural Council)和医学研究委员会共同设立了一个委员会来研究这些问题,并于1962年发布了他们的研究发现。他们形成的意见是,尚无足够证据显示,在本国,抗生素用做生长添加剂不如当初成功,尽管他们不得不承认,在其他一些国家里,必须添加更多才能有效;并且已有证据显示病原微生物的菌种或毒种可产生抗药性,继续具有致病性,而且在动物中传播,最后治疗剂量慢慢地失去作用。但是,基于经济利益的考虑,他们还是建议继续使用抗生素。

尽管他们在打消农民们的顾虑,但是他们所预见的危险已经开始发生。

给不同农场的猪与家禽的体检中发现,从用四环素添加剂饲料喂养的动物粪便中提取的大肠杆菌已明显产生对四环素的抗耐药性[1],而未实施饲料添加四环素的农场上的动物,其粪便中大肠杆菌则对四环素仍然敏感。在一些刚实施四环素添加饲料的畜禽群中,可以全程跟踪观察粪便中大肠杆菌菌落从对四环素敏感到产生耐药性的变化过程。史密斯指出,对梭状芽孢杆菌,也可做类似的全程跟踪观察。(路易斯·埃尔贝[Lewis Herber],《我们的人造环境》)

那位《农夫与养殖者》杂志社兽医在 1962 年 5 月 1 日的一篇文章中讨论了这方面的用药问题:

> 我多次看到非常健壮的小肥猪、瘦肉型猪,尤其是母猪,感染了致病性大肠杆菌,但由于患病动物平时少量多次长期通过饲料摄入了相关特定抗生素,因此它们感染的菌种与其他相关菌种已产生了耐药性……
>
> 我也多次看到几日龄的小猪仔死于从母猪那里感染的致命性的具有耐药性的大肠杆菌……当我对从死猪仔身上采来的细菌进行分类并做敏感性测试时,我发现这些致病菌对三四种最强效的抗生素都产生了耐药性。
>
> 我也多次不得不用碰运气的方法来治疗乳房炎和子宫炎,就是因为病原菌已经产生了顽固的耐药性。每当遇到这种情况,还没等我找到有效治疗方法,乳房就毁了,母牛饲养周期即提前终止……

那位兽医接着又指出,在爱尔兰和美国情形也是一样,因此而造成资金的浪费更为严重。在那里,致病性大肠杆菌和其他致病微生物"藐视命运,唾弃死生",因此,农民和兽医们不得不回归老办法"解热镇痛

---

[1] 根据"动物健康信托"的 H.威廉·史密斯。

药、祷告加魔瓶"。

猪肺炎也构成很大的威胁。该病的致病菌也获得了耐药性,结果急性肺炎患畜(禽)的死亡率正在无情地攀高。猪丹毒的病原体也都在获得耐药性。那位兽医谈到家禽所处危险时说:"我要说,我们现在简直是'盲人骑瞎马,夜半临深池'……令人确信无疑的是,家禽的病原体也正在慢慢地对抑制、杀灭它们的药物产生耐药性,看来灾难的降临为期不远了。"

我要说的是这种情景对农民来说似乎谈不上什么经济获利,相反,也许是经济上的一种赌博。

而现在这种情况又给人类带来多大的危害呢?

第一个明显的危害是,因少量多次长期通过食物摄入抗生素,人也会受到耐药性的困扰,同时,也会产生对这些药物的过敏反应。

屠宰后的小牛肉和猪肉里到底含有多少抗生素残留,比克内尔博士并没有发现具体数字;给小牛饲喂镇静剂以提高其生长率是否会造成这种有害药物在牛肉中产生足够的残留,以至于影响人的健康,他也没有找到证据。但是,说到母鸡,他是这样引述弗赖尔(Frye)等人的研究发现的:

> ……用每百万含1000单位的金霉素或土霉素或杆菌肽添加饲料饲喂三周后的母鸡,其每磅肉内三种药物的残留量(毫克)分别为0.1—0.2,0.05—0.1和0.07—0.09。用每百万200单位的金霉素喂养的蛋鸡所生的蛋每只还有约0.01毫克的抗生素。(《食物中的化学药剂》[Chemicals In Food])

很明显,以上数据代表的都是大剂量,肉中残留的比例也看似微小。部长委员会(The Ministry Committee)也发现抗生素添加法饲养的动物胴体中残留量极其微小。

作为外行人,我无法判断这些抗生素的微小剂量的具体构成是什么,但是,路易斯·赫贝尔却是这样说的(《我们的人工环境》):

许多患者对青霉素的敏感度已达到了临床用药的剂量即可致死的程度。这种患者的数量在逐年上升。

接着他又继续引述一些临床医生所做的实验。一位医生遇到的病例是"被动转移 0.00001 单位的青霉素后即产生过敏反应",另一位医生遇到的病例是"患者皮试 0.000003 单位的青霉素即发生休克"。这样看来，食物中的抗生素残留量太小是不是可以掉以轻心，忽略不计了呢？

尽管法律只允许三种药物可以作为正常饲料添加剂，但是，用于临床治疗目的的用药则没有限制。现有任何药物的临床用量都可以任意把握。有些药物残留，不管有多小，会最终进入我们吃的肉蛋里面，冒此风险之前，我们对于这些强力的药物有足够的了解吗？对于这种风险，我们是应该讲清楚了再冒险，还是盲目地去冒险，还是冒险时浑然不知自己在冒险呢？

接下来，动物感染了产生耐药性病原体后也构成危险：首先，病原体可以从动物直接传给人，再者，病原体也可污染动物源食品。

再次引用比克内尔博士的论述如下：

> 在澳大利亚……一种具有耐药性的新葡萄球菌变种在较大范围社区里广泛传播开来，引发败血症，其死亡率高达 40%……这次传染疫情很有可能是从接受过抗生素治疗的动物传给农场工人，再传给周围所有人。（《食物中的化学药剂》）

在比克内尔博士看来，各家医院面临一个主要问题就是由葡萄球菌引发的致命性肠道感染。儿童出现由大肠杆菌引发的腹泻后，本来应该对抗生素有反应，但是，在该地区已发现耐药性菌种，与当地农场上常见的菌种可能有关联。他又继续说：

> 人的真菌感染可侵害脑、肺、肠道、肾、皮肤等，而现在这些感染越来越多，原因是抗生素杀灭了正常情况下抑制真菌生长的细菌。在此之前多数这种感染都是致死性的，或后果极不乐观

的……现在，随着新抗真菌药的出现，这些感染有望治愈。但是，这一线希望又变得渺茫了，因为农民们抢先于医生们一步，早就开始使用这些抗真菌药物，可想而知，随着耐药性的产生，耐药菌种已经培育出来了。

真菌疾病已出现上升趋势，并已经引起火鸡养殖户的忧虑。

我还需要进一步说明吗？

伯明翰大学的弗雷泽(Frazer)教授向人们提出警告说，随食物摄入的抗生素已经改变了人体正常菌群结构，造成人体胃肠道系统紊乱，引发其他疾患(《公共健康大会报告1962》[Public Health Conference Report 1962])。

"抗生素是危险的饲料添加剂。"路易斯·赫贝尔说。

"让我们放弃口服抗生素吧，否则悔之晚矣。"那位《农夫与养殖者》的兽医说。

一方面，医疗部门三令五申，敦促医生要考虑耐药性产生的危险，慎用抗生素；另一方面，农业部门正在推广使用抗生素，这两种反差极大的做法想来十分反讽。也许这两个部门有朝一日能坐下来讨论一下这个问题，以免将来为时过晚，难以拨乱反正。

其他添加剂

其他一些抗感染制剂也用做家禽饲粮常规添加剂，如抗球虫剂尼卡巴嗪、磺胺喹喔啉和硝基呋喃类制剂。比克内尔博士说："最后一类制剂涂抹于皮肤时可引起人的皮炎，微量多次服用抗球虫药对人体的总体作用尚不十分清楚。"

砷制剂

比克内尔博士说："农业和园艺生产都应该严格禁止使用所有形式的含砷制剂。然而，令人震惊的是，出台'禁砷令'的希望和可能目前根本看不到。"雷切尔·卡尔森指出,砷"是最早发现的致癌元素"。他还说,"砷与人畜癌症相关联是具有历史意义的发现"。

当然,他们二人都指的是农业上使用的砷喷雾剂,而在英美,砷制剂已用做动物生长刺激剂。

> 根据路易斯·赫贝尔的描述……美国食品与药品管理局(Food and Drug Administration)已经发现违反饲料添加剂法规上的违法行为,即违规使用含砷化合物做饲料添加剂,这是一种广泛使用的促生长刺激剂。(美国健康、教育与福利部[Development of Health, Education and Welfare],后改为"美国健康与人类服务部"[Department of Health and Human Services])原部长亚瑟 S.弗莱明(Arthur S. Flemming)曾抱怨说,美国食品与药品管理局不久前所做的初步调查结果显示,有些养禽专业户一直给禽群提供含砷饲料,甚至在屠宰前五天仍不收敛,不收手。"我们所获得的信息显示,在该国某些地区,一些养猪场在应该禁砷的屠宰前五天,仍然用含砷饲料饲喂动物。"(《我们的人造环境》)

知晓过去几十年间发生数起臭名远扬的砷中毒事件的人总会对上述五天期的规定提出质疑。这些有名的投毒者生产操作了几个月,慢慢累积到了一个致死剂量,而常常在动物已经安息了数月以后,才把尸体挖出来,并成功地做出砷制剂含量的化验检测。

我还听说过国内使用砷制剂做猪生长添加剂的案例,但是用做家禽配合饲料生长添加剂的案例早已有之,而且其用量已引起官方关注。1961 年 11 月,威尔特郡度量衡部(Wiltshire Weights and Measures Department)报告说[《布里斯托尔晚上世界》(Bristol Evening World)]:

> 家禽配合饲料曾一度添加砷类生长刺激剂,我们为此深表担忧,尤其是在肉鸡配合饲料中添加更为令人不安。

他们总共做了四次化验,其中三次化验对象来自几家肉鸡房,一次来自一家用营养强化深垫草肉鸡房。化验结果是,鸡肝内出现砷储存,例如,有一批饲料仅含有 0.004％的一种砷类添加剂,而喂养该批次饲料的肉鸡肝内含有的砷却分别高达每百万 0.2 单位和 1.6 单位,严重超过可许可限制。深垫草营养强化鸡房里,仅测出草里出现少量砷吸纳。

农业与食品有毒物质咨询委员会(The Advisory Committee on Poisonous Substances in Agriculture and Food)了解到相关情况后,建议饲料生产厂商不要在他们生产的配合饲料中添加砷类生长刺激剂。其报告满怀希望地补充说:"本国砷添加剂的使用有可能从此结束,但是,我们还是要密切关注形势的发展。"就此告别砷添加剂? 本人不敢轻信。顺便提一下,我刚刚收到来自农业部的一封信,告知我说:"有些消费者可能把卤菜店有售的鸡肝做的砂锅肉误当成法式鹅肝酱。"下次去卤菜店浏览那一排排砂锅鸡肝肉时,不要忘了鸡肝里可能有砷,其他化学药品或毒物都有可能储存在肉鸡鸡肝里,同时,尝试一下是否能说服卤菜店老板来明确哪一种是砂锅鸡肝肉。

色素

饲料添加剂还包括用来改善动物产品外观的色素。例如,蛋鸡场想方设法来弥补、遮盖叠笼养殖鸡蛋的瑕疵。为了纠正蛋黄苍白的缺陷,给母鸡喂干草或黄色素,使蛋黄呈深金色,通过色彩联想,使家庭主妇联想到草鸡蛋的品质。但是,对这种黄色素的安全性,比克内尔博士提出了以下质疑:

> ……我们人人生来都有一笔一次性总赔偿款,我们可以不断地部分提取这笔钱来抵消掉致癌化学品的致癌作用,我们每摄入一次这种化学品,我们就花掉一部分这笔不可替代的资本:当这笔资本花光的时候,我们即死于癌症。
>
> 因此,只要觉得是致癌物质,每一个人都应敬而远之,因为实

在伤不起。他必须竭尽全力善待自己,不透支健康,给自己留出足够的安全余地,这样才能不透支那笔资本,以便底气十足地面对他可能既全然不知又无法避免的致癌物质的侵袭。比如说,这些致癌物质可能是某些洗涤剂和某些鸡蛋。鸡蛋只有在母鸡生出来后才是食物。因此,不管喂给母鸡色素后,色素又分泌进入蛋黄这个过程有多危险,商业笼养鸡蛋的浅色蛋黄都可以合规合法地用色素染成深黄色。因此,把叠笼养蛋鸡生的蛋的蛋黄染成散养土鸡生的草鸡蛋蛋黄的颜色,然后向大众销售的行为就是欺骗行为,会对人的健康造成危害。因此,应该加以明令禁止。

激素

下列合成激素包含在某些畜禽许可添加剂的认可清单上:已烯雌酚、乙雌激素、二烯雌酚、双已烷、二异丙基已烯、已二烯、二烯醇二乙酸二酯和甲状腺刺激剂。

比克内尔博士指出:

> ……乳腺癌中至少有一种类型,其诱因,或其发生与生长所依赖的,是雌激素……为了消除雌激素对乳腺癌的刺激作用,乳腺癌现行治疗方法常包括手术切除和放射疗法,并同时结合卵巢切除术。

接着,常常还要实施有步骤地切除所有可能分泌雌激素的器官。对此,比克内尔博士继续说:

> 因此,处于乳腺癌治疗期间的女性患者,甚至对任何女性来说,切断其所有外源雌激素摄入也变得十分重要。然而,现在的牛羊肉、鸡肉受人工合成雌激素的污染越来越严重,肉禽、肉畜的育肥与促生长都要依赖于人工合成雌激素的注射……因此,女性应拒食明确经过雌激素处理的商养来源的鸡肉或其他畜禽肉。

为了给人工合成雌激素用于处理动物辩护,首先有种说法是这样的，即外源注射合成雌激素的量不应超过动物自身正常分泌的量。但问题是，动物肉中的天然雌激素在人体胃肠道消化过程能被完全破坏，而人工合成雌激素则不能，因此就被吸收到机体内。

……由雌激素诱发的其他恶性肿瘤包括：人间的白血病，动物间的肾、膀胱、睾丸和子宫等处的恶性肿瘤，还有白血病。

雌激素或其他激素处理过的动物不应做人类商业肉食来源。在法律禁止之前，家庭主妇应该询问肉贩，了解他所卖的肉或家禽的情况，若肉贩觉得可能出自激素处理过的动物，则应拒绝购买。

在美国，己烯雌酚是广泛使用的合成激素，一般注射于鸡的颈部。根据鸡头和鸡脖总是扔掉的假定，往往认为这种处理法是安全的。但是，这种假定忽略了一个事实，许多家庭主妇用鸡脖，甚至鸡头煮汤。也有人发现，许多养禽户一时兴起用两粒植入药丸或更多，远超过一粒的激素建议用量。

美国食品与药品管理局对此做了一次调研，伦纳德·威肯登引述其报告中有关发现如下：

在一个 200 只鸡的鸡群里，180 只含有部分未吸收的植入药丸。鸡均己烯雌酚残留量介于 3 毫克与 24 毫克之间。考虑到一位证人的证词提到人类己烯雌酚的治疗性临床用量为每日 1—5 毫克，那么，以上残留数字就变得十分重要。

当阅读以上这类报道时，许多人内心无疑都会想到一个问题，如果人食用了己烯雌酚处理过的鸡肉时，恰好吸收了一定量的己烯雌酚，那么后果又会是怎样的？就此问题，人们在委员会面前展开了一场激烈的争论。代表家禽业厂商利益的科学家们"固守己见"，认为对消费者根本不存在任何危险。无利害关联的、有名望的科学家们则警告大众说，危险确实存在，且十分巨大。一群群购入含有鸡头的鸡杂做饲料的貂养殖户们都沮丧地发现公貂患上了不育症,把整个繁育计划打乱了。这件事加重了这些警告的分量。貂群总体健康状况也受到了影响,有一位证人说,"摄入了己烯雌酚的貂是我见过的最虚弱的貂"。

很有意思的一件事是,在苏格兰也发生了一起类似案例,损害赔偿金判给了一家由貂养殖者组成的公司,当时"饲喂鸡杂饲料的貂群患上了不育症,没有一只是能够繁育的,许多貂死掉,其余的均惨遭淘汰。"(《家禽世界》,1963 年 2 月 21 日)。

威肯登接着报告说,当时,证据已提交给美国德莱尼委员会(the Delaney Committee),证明己烯雌酚除了能导致不育外,用斯沃斯莫尔学院(Swarthmore College)动物学教授罗伯特・恩德斯(Robert Enders)博士的话说,在达到一定剂量时,"还可延缓儿童生长发育,引发卵巢囊肿、乳房囊肿、肾脏囊肿,并抑制排卵……"但是恩德斯博士也指出,造成这种后果所需的剂量要远远大于平时随着吃鸡肉摄入的剂量。然而,他还是提出警告说,己烯雌酚储存于鸡肝里,而鸡肝往往是单卖的。不仅如此,他还用证据说明:

> 一个阶段内摄入一毫克的百分之二即可造成动物死亡,而等长时间内等体重的动物摄入两毫克却不会造成死亡。恩德斯博士说:"这只能说明一件事——小剂量的毒性大大超过大剂量。"

矫形外科研究基金会(Ortho Research Foundation)的卡尔・G・哈特曼(Carl G. Hartman)博士在与此相关的大致方向上,又提供了进一步的证据。他说:

> ……医学界普遍认为,己烯雌酚刺激恶性肿瘤发生与生长。鼠摄入己烯雌酚三月后即可出现恶性肿瘤。他说:"我们发现,如果给一点,停一会儿,再给一点,再停一会儿,再给一点……这样要比一直连续给药效果更明显。要少给药,不要多给。大剂量可能不但不引发恶性肿瘤,相反还会抑制肿瘤生长。"

有几位专家用证据说明激素只有在专家指导下方可使用,目前滥用的现状十分严重。

威肯登继续说,消费者面临的是对个人健康,也可能对个人生理机能损害的风险。但是,己烯雌酚能以肉更有营养,价更加实惠的方式给予你赔偿吗? 如果消费者不得不承担多数风险,根据正义共识,难道他不应该获得更大受益分成吗?

恩德斯博士非常强调地指出,肉的营养根本没有增加。

在经济学方面,我同意一些内分泌专家的意见,肉鸡的药物催肥做法是一种经济诈骗。根本不省鸡粮。只不过鸡粮转成了脂肪而不是蛋白质。美国饮食结构中充斥着脂肪,因此,再添更多的脂肪是毫不足取的。人们吃鸡常为了其中的蛋白质。现在他们自己都坦白了,养鸡户用药获大利的秘诀原来是改善了鸡肉的外观,增加了其中的脂肪。

威肯登又继续据理力争。

恩德斯博士说,他的学生的研究发现,使用己烯雌酚以后的增重主要来自于脂肪中的水潴留增加。处理过的家禽的脂肪"比正常禽含有更多的水分"。有人问他这样是否会使家禽变重,他回答说,"家禽因此增重的幅度相当大。正常情况下,养到 4 磅的家禽,你可以养到 5 磅"。他说多出来的重量一般是脂肪和水。他认为这种处理法不能助长更多的胸脯肉,但是他说,"由于皮下水和脂肪增多了,因此,皮肤非常漂亮而光滑,大大增加了外观魅力"。

威肯登总结了已提交给德莱尼委员会(the Delaney Committee)的诸多证据,并评论说:

……一位又一位确有真才实学的专家向我们郑重告知。他们严肃认真地说,己烯雌酚是一种危险的化合物,其效应十分深远。他们说,该药应凭执业医师开具的处方才可调配购买与使用;每个汤姆、迪克和哈利都可将其当成非处方药而任意自选、自购、自用是十分不安全的。它是一颗生物学定时炸弹。对此，他们又附上一句，增重而不增营养就是一种"经济诈骗"。他们提醒我们说，少量多次用药的潜在危险要比一次大剂量用药大得多。

现在美国人接受的难道不是少量多次用药吗？如果我们吃鸡肉时同时吃点己烯雌酚，吃牛肉时再来点，也许吃羊肉和猪肉时再加点，最后我们想不遭遇恩德斯和哈特曼两位博士所描述的状态都难：两位博士说了，少量多次的毒性要比一次大剂量大的多得多。

所有这些警告本来都是金玉之言，却都成了一地鸡毛：有道是，舌敝耳聋无人睬，置若罔闻耳边风。我们没有一丝惊讶之情，"城砖打脸请帖到"地去情愿接受这样的事实：对于负责给我们生产食品的人来说，只要能快速获利，轻松获利，哪怕是暂时的，那么，任何程序和手段都值得大加推崇，敦促实行。至于消费者早已被无视。要看出某款药物对人类健康的影响通常需要数月甚至数年。然而，此类逆耳良言，常如秋风过耳，被人一笑置之。

目前尚无最终证据显示滥用己烯雌酚会引发卵巢囊肿、乳房囊肿或肾脏囊肿。只是存在这种可能性。也无最终证据证明滥用己烯雌酚会导致人类不孕症。同样，只是存在这种可能性。更没有最终证据说明我们的身体会产生微妙的、深度的变化，也不知道给多少生命可能带来悲伤和毁灭。那些无斧可磨、无私可谋的专家们只是告诉我们，这种可能性很大。既然尚无最终证据，我们尽可以甩开膀子朝前走，全然不顾这个事实：目前尚无证据显示这些事情将来不会发生。

"目前尚无最终证据。"威肯登写出这个句子的时候，安眠药"反应停"引起的畸形儿还没出现。目前尚无最终证据证明仅此一例属于未经检测副作用的药物误用后会造成可怕后果的案例。

己烯雌酚植入丸剂用于牛和羊羔会有什么后果呢？

"如果羊羔型己烯雌酚丸或小公牛型己烯雌酚丸，辗转到家庭餐桌，那么，这颗生物定时炸弹会造成什么破坏呢？"回想起鸡型丸给貂所造成的危害，伦纳德·威肯登不禁提出这样的问题。

我们随风走、跟风倒，争先恐后用越来越少的料，获取越来越多的利，但事实上我们真的获利了吗？威肯登不以为然：

> 即便竞争把肉价降下来了，购买者省了钱，但是不是得到同样量的营养肉食呢？是不是买来的牛肉里多出来不少水分呢？在牛饲料里略加微量化学添加剂，即可节省11%的饲料的同时，多产出19%的蛋白质——这个说法说得通吗？人类能够"无中生有""凭空生有"地制造东西吗？我们必须穷根究底，搞清楚多出来的重量来自哪里。如果是来自水的话，那么，消费者就是恩德斯博士所说的"经济诈骗"的受害者。

甚至屠宰户也认为厂家、商家根本不讲质量问题。威肯登报告了《农场杂志》上刊登的一篇文章。该文中，屠宰户警告使用己烯雌酚的厂家说，用己烯雌酚添加饲料喂养的牛不会带来更多的利润，该文附有芝加哥一肉食加工厂家的评论意见：

> 说起责任，很多方面都有，不仅仅己烯雌酚有责任。各地农业高校几乎家家倡导那种低成本、走捷径的肥育方法。我们现在看到的牛肉根本无法与旧日玉米喂大的肉牛的肉相提并论。外观虽然丰满漂亮，可是一刀切来，应有的品质突然不见了。

最后，我一定要引用一下威肯登1956年1月24日在华盛顿召开的美国健康、教育与福利部的一次会议上所做的一场非常吸引人的报告：

当时，格兰维尔·F·奈特(Granville F. Knight)、W.科达·马丁(W. Coda Martin)、里戈韦托·伊格莱西亚斯(Rigoberto

Iglesias)（智利）和威廉·E·史密斯(William E. Smith)等四位医学博士合作提交了一篇论文,题为"二乙基-己烯雌酚喂牛的恶性肿瘤风险"(Possible Cancer Hazard Presented by Feeding Diethyl-stilbestrol to Cattle)。他们指出,已知这种强力的药物可诱发恶性肿瘤……他们说,烧菜做饭所达到的温度不足以破坏饭菜中所含的该药。现已发现施用己烯雌酚类药物可在实验动物中诱发息肉、肌瘤、子宫颈癌、乳腺癌和雄性动物严重的性器官病理变化。植入一年后取出的药丸再植入另一动物后仍具有足够的效价,可以引发肿瘤。并且,他们继续说,有效剂量可接近无穷小量。

现已发现持续暴露于极小剂量要比间隔重复注射较大剂量所造成的危险大得多。有文献记载,接受雌激素疗法的前列腺癌患者中一共有 17 例乳腺癌的报告。

但是,美国农业部说,给全国人民的肉食中添加点这类药,没关系!

当然,伦纳德·威肯登报告的是美国的情况,其实,本国情况也同样如此。1959 年 12 月已立法禁止使用激素饲养家禽,但是却仍然允许使用激素养牛。《泰晤士报》报道了新南威尔士州内阁(the New South Wales Cabinet)决定禁止使用激素的消息,并说,澳大利亚农业委员会(Australian Agricultural Council)

……曾接到报告说,有些国家,主要是意大利,对肉食中的激素残留可致儿童发育畸形与成人尤其是男人的功能异常的说法表示怀疑……

农业部的一位发言人昨天说,给消费者与工人们所带来的可能的危害已由有关部门再三斟酌,目前尚未发现有证据证明其具有有害效应。那位发言人继续说:"目前认为没有必要在本国禁止使用该药。"(1962 年 11 月 13 日)

就这样,在这个国家里,我们仍然使用激素来养菜牛、家禽和羊。

部里现在已经告诉我们不要过度担心激素或抗生素的使用问题。

化学杀虫剂

在过去 20 年里,农夫与家庭主妇对化学杀虫剂的使用简直是随心所欲,任性随情。多种气雾杀虫喷雾器是家庭主妇的标配,而农场主常享有大型机器设备乃至直升机的高配。

然而根治害虫谈何容易,根本没有最初想当然的那种轻松,其效果也是一分为二的:虚弱的害虫确实被杀灭殆尽,但是强壮的害虫却逃过一劫,且对杀虫剂产生了免疫力,并同时繁育后代,其免疫力往往更胜一筹。这些农药"敌友不分","玉石俱焚",我们常常因此"坑朋友",但却"养劲敌"。如此一来,唱歌小鸟和多彩蜜蜂同归于尽,而绿头苍蝇的抗药性却大为增强,生机勃勃。

药物与疾病博弈之间的恶性循环在此重新复现。投放市场的农药杀虫剂杀伤力越来越猛,研发速度越来越快,品种越来越多。随着害虫抗药性的产生,虫—药博弈开战。不过,我们在害虫的凌厉攻势下节节败退。我们无论研制出什么药,害虫几乎都能抗得住。由于这些新农药产出速度太快,结果没有时间去测试它们对人类可能存在的危害。就这样,我们目前面对的形势就是,约有 200 种药,均为剧毒农药,在实际中的使用过多、过量,也没有什么选择。

在幽闭、狭窄空间里密集饲养畜禽会营造一种湿润、温暖的局部空气环境,极有利于苍蝇、红螨、跳蚤还有其他害虫的滋生。为了灭虫,已发明出能大量喷出氯化烃类农药和其他杀虫剂的强力喷雾器,"其先进性在于可将气雾喷到每个暴露在外的角落"。这些农药一般通过动物的皮肤或饲料摄入体内,并储存于体脂内。

一种新型熏烟杀虫剂器械的产品宣传册上这样写道:"喷洒杀虫剂的时候没必要清场。"至于药物在鸡身上的副作用,则似乎描述各异,解释不同。"含氯杀虫剂有可能是毒脂肪病的元凶,该病在过去两个月里给肉鸡养殖造成惨重损失,一些养殖户血本无归。"1961 年 7 月 20 日的《农业快报》报道了英国制油与油饼厂(现已不存在)的布朗特博士的如上说法。然而,据《农夫与养殖者》报告,美国正在开展研究,试图通过给鸡喂杀虫剂来扑灭鸡舍粪便的苍蝇侵染(1963 年 5 月 3 日):"美国研究人员做出了积极的报告……但是,英国的研究结果却有些自相矛盾。对鸡的健康倒没有什么不良作用,但是,害虫控制措施却是失败的。雷切尔·卡尔森告诉我们说,当给苜蓿地里播撒滴滴涕药粉后,再用该块地产出的苜蓿加工成鸡粮喂给蛋鸡,结果发现,这些蛋鸡生的蛋里含有滴滴涕。可想而知,叠笼养鸡房里的苍蝇治理工作目前还没有考虑到这个问题。同时,现代鸡房的蝇灾正在蔓延至全国各地,并正引起各地公共卫生官员的焦虑。其中一位官员说,铁丝笼养鸡是所有麻烦的症结所在,"虽然苍蝇总是把鸡粪当成孳生地,但是,在过去这个问题够不成伤害,原因是,苍蝇卵只要一露头,鸡就会把它吃掉"(《家禽世界》,1962 年 10 月 18 日)。他接着解释说,如今铁丝网把鸡与鸡粪分隔开了,这种生物学防控自然就谈不上了。

> 在架子上,鸡蛋高高地摞起,架子下的鸡粪坑里,苍蝇以惊人的速度"泰然自若"地繁殖……

> 在英国英格兰南部奇切斯特市(Chichester)地区所做的试验使用了一种细菌性杀虫剂,引发某些苍蝇患上一种致命性疾病,但是,普通家蝇似乎对其已具有免疫力。

为了保护公众免受苍蝇泛滥的侵袭,有些规划委员会正在采取他们所能采取的唯一措施,即驳回在居民区附近建设叠笼养鸡房的申请。

其他畜禽房舍的苍蝇袭扰问题也同样难以治理。一张荷兰小肉牛舍的照片上有这样几句文字说明:"苍蝇无处不在。细看照片,会发现排水槽里有数百只死苍蝇。据说荷兰的苍蝇已经对灭蝇喷剂产生了抗药性。"(《农夫与养殖者》,1960 年 9 月 13 日)

伦纳德·威肯登认为,人肝炎的发病率的提高与大量使用杀虫剂后牛角化过度症的发病率增加有关联性,他引用了 1953 年 11 月的《美国消化疾病杂志》(*American Journal of Digestive Diseases*)上刊登的莫顿·毕斯肯德(Morton Biskind)博士的一篇文章,该文认为许多其他疾病均可归因于同一来源:

> 在动物方面,牛得了角化过度症(也称 X 病),口蹄疫发病率也提高了。羊常患蓝舌病、痒病和过食症;猪常患水疱疹(皮肤破损);鸡常染新城疫和其他病症;狗生出来硬爪掌病还有高度致命性的 X 型肝炎,等等。然而,在 1942 年出版的综合性《美国农业部手册——畜禽健康》(*U.S. Department of Agriculture Handbook—Keeping Livestock Health*)中,除了口蹄疫外,上述其他疾患只字未提。光是这种巧合就足以让人们生疑,那就是在以上变化发生期间的人畜环境里,人畜共患的某些新病已经开始出现……(《我们每天都在吃的毒物》)

牛的角化过度症(也称 X 病)似乎到了 1948 年才开始流行,当时有 32 个州都有病例报告。到了 1949 年,该病已成为牛群的主要死因,包括 80% 五月龄以下的犊牛、50%—60% 六月龄以上的犊牛和 15% 的成年牛。该病病因最后追溯到一种氯化烃类制剂中毒。威肯登接着又引用了毕斯肯德博士的另一篇文章,以证明他的论点,即氯化烃类制剂也是人类肝炎发病率上升的原因。该文讲述了肝炎在一所医院的员工中流行三年的疫情,而在同一时间里氯丹杀虫剂一直用做该医院里厨房与食品店的常规杀虫剂。

机体储存滴滴涕的安全标准尚没有达成一致意见,该农药最为恐怖的是它在机体脂肪中能自我放大。雷切尔·卡尔森在她的备受渔民们喜爱的加州清水湖(Clear Lake)的故事里,非常有力地说明了这一点。当时湖里有很多小虫,使当地渔民大为扫兴,于是决定把这些小虫一扫而光。于是就往湖水里喷洒一种对鱼毒性较小的滴滴涕杀虫剂的一种“近亲属”杀虫剂。1949 年,又以七千万分之一的稀释度往湖水里喷洒这种杀虫剂。农药喷洒一直很成功,可是到了 1954 年,小虫又“卷

土重来"了。1957 年又喷洒了第三次,结果,湖区正常栖息着的水鸟鹏
鹏出现大量死亡。接着,发现了一件奇怪的事情。湖里的水藻吸收了
滴滴涕,并将其一代代地传播下去,湖水清洁化处理之后,其世代传播
仍在继续。鱼吃了水藻以后,其脂肪内含有的滴滴涕浓度高达每百万
300 单位。这些鱼反过来被水鸟吃了以后,其脂肪里所含滴滴涕高达
每百万 1600 单位,就这样,它们中毒而死。

但是,我们也不要忘了我们处在类似生物链的末端。

在这个国家里,我们遇到过类似的情况。动物健康信托给我们讲
述了一个家禽吃了农药处理过待播种子的案例。家禽中毒程度十分严
重,造成 70% 禽群死亡。狐狸崽吃了这类死禽,也中毒而死。也许最
幸运的是我们,因为我们不吃狐狸崽。

要搞清楚人类在出现明显崩溃症状之前有能挺多长时间的耐受
力,恐怕需要好多代的努力。同时,急性剂量在人类与动物身上产生的
效应显示,"可能的损害包括神经系统的过度兴奋,脑、肝、肾、肾上腺、
甲状腺与总体内分泌系统的损害,还有失去食欲,骨髓也可能受损"(富
兰克林·比克内尔)。

比克内尔博士同时指出,有害化学物质由母亲传给子宫里的胎儿,
通过母乳传给怀抱的新生儿,都可能造成损害,但这种损害还没有得到
研究。

只有在病态出现的时候脂肪中储存的杀虫剂所造成的危害才达到
最大。当病程延长、病情加重时,多数脂肪就会迅速用光,其中储存的
滴滴涕就会突然释放到机体内,对处于虚弱状态的身体的毒性更大。

雷切尔·卡尔森把杀虫剂的危害与合成激素的危害联系到了一
起,由储存在我们机体内许多化学制剂的相互作用而产生的潜在危害,
在此可见一斑。她向我们展示,体内抵御过量摄入的己烯雌酚的内置
机制在肝脏里。可是如果肝脏受损,或机体的 B 族维生素供应下降,
该保护机制会丧失,己烯雌酚就会积蓄到不正常水平。

简而言之,杀虫剂可间接诱发恶性肿瘤观点的依据是,杀虫剂已被证明能够造成肝损害,减少维生素 B 族的供应,因此可导致内生性己烯雌酚的上升。除此而外,我们也越来越多地暴露于各种各样的合成己烯雌酚制剂——通过化妆品、药物、食物暴露或职业性暴露。诸多效果合在一起,使得问题严重到值得我们最严重的关注的程度。

这并不意味着我们不承认危险的存在。农业行业已充分认识到危险的存在,并提醒公众注意农药的使用与处理方法。农业部发放的一张活页,其标题颇具反讽意味,"农场有毒农药的安全使用"(The Safe Use of Poisonous Chemicals on the Farm)。该活页提供的建议之一是,工人在喷洒农药时应佩戴防毒面具和穿防护服,勿让农药接触到手或食物,结束时要彻底清洗。尽管尽到注意义务但还是会中毒于万一之中:针对感到恶心、呼吸困难,甚至出现抽搐现象,活页上给出了自救急救细节操作,同时等候医疗救援到来。毒性至此地步,该类农药喷雾剂则被认定为剧毒高危类,然而,恰在此时,这个国家对这类农药危险的认定也随之戛然而止。

在新西兰,当一船肉品被美国卫生部门检出其化学残留超过美国安全标准后,政府被迫出面来解决这一问题,随后立刻采取行动,宣布在畜禽饲养中禁止使用 130 种品牌的杀虫剂。

禁止的杀虫剂为含有艾氏剂、狄氏剂、乙炔、林丹、滴滴涕和甲氧氯的杀虫剂,也包括英国制造的和供应给英国农民的杀虫剂。

新西兰政府宣称以上农药会在用其处理过的畜禽产品中发生残留,并且目前已有适当而有效的替代品。

1962 年 2 月 9 日的《农民周报》刊登的一篇报道说,澳大利亚政府急于决定应该采取什么预防措施,最后给我们的却是一种苍白无力的安慰:

一家领先的英国制造厂商按新配方研制出了替代性杀虫剂出

口至新西兰。该公司发言人说，如果我们这里类似限制性规定也能到位的话，那么，更为有效的替代性农药就会比现有农药的使用更为普及。

我们自己的农业部的态度总是令人欢欣鼓舞的。桑德斯（Sanders）博士在 1963 年初的一个电视节目"怀疑是毒药"（A Suspicion of Poison）中向我们保证说，我国对此有严格的控制措施。他没有发现食物中有任何危险水平杀虫剂残留案例，事实上，所谓残留，只不过是所谓危险的百分之一罢了。但是，这些农药难道不是跟食品加工与储存过程中使用的其他药物、激素和化学助剂的残留一起储存在消费者的脂肪中，并在那里放大吗？

1963 年 3 月 21 日的《金融时报》报道了科学部长海尔斯姆（Hailsham）勋爵对农业与食品储存上化学制剂使用的危言耸听的态度深表遗憾，他认为，不冒些风险，"我们就不能享受现代科技社会的福利"。

何乐而不为呢？你可能想问，新西兰不是向我们展示了我们需要冒的唯一一个风险就是金钱风险，但是最后我们会从风险中获大利，发大财吗？

味道与质量

1962 年的世界家禽大会（World Poultry Congress）在悉尼召开，会上，世界家禽科学协会（World Poultry Science Association）主席 H. H. 阿尔普（H. H. Alp）博士语惊四座，宣称当今家禽世界的科研并没有走在更为宽泛的路线上：

> 目前研究是怎样失败的？他举了个例子，现行营养研究多数围绕着在如何从每磅饲料中得到更多的肉和蛋的问题展开。他反问道："如果肉重了，蛋也多了，可是质量差了，吃起来不好吃，甚至不愿意去吃，那么再科学的饲养法又有什么用呢？"……阿尔普博

士公开声明,"世界不会购买研究,"世界家禽科学协会"(the World Poultry Science Association)所代表的科学界必须坚持学术诚信,远离偏见。"(《家禽世界》,1962 年 8 月 16 日)

提到质量这个词,通常用来指大小质地统一,无瑕疵,以及其他一些表面特征,至于与其营养质量有什么关联很少有人关注。但是,人们自然而然地想到,味道与质量在营养学层面一定有一些关联,否则,人类怎么可能上万上万年地存活下来,当时,人类的饮食指南不过就是凭着舌尖上的味道和适口性? 说起这个话题,我怎能赶上米尔顿博士,下面请听他说。

> 适口性是很难定义的属性。词到嘴边,其义自见。舌后部的味蕾得到满足,于是我们觉得该食物值得一吃,我们感到还要继续吃下去。吃这种食物能带来满足感,可想而知,这种食物一定具有营养价值。如果我们为吃到这样的食物而感到幸福,我相信我们更容易保持健康。相反,某种食物中看不中吃,那么,一种失望的感觉会立刻传遍全身。同时机体内的腺体也会受到影响,消化系统也会失调,所引起的链锁反应会对身体十分有害……(《地球母亲》[*Mother Earth*],1962 年 10 月)

一位法国兽医米歇尔·佩兰(Michel Perrin)说得非常简明扼要:在苏联生理学家、实验心理学家巴甫洛夫(Pavlow)看来,食物的味道与其可消化性是呈正相关的,对食物的营养价值有重要影响。佩兰说,实证性检验结果也到了同样的结论:肉要嫩,但要有营养和消化价值。"据说,要不太解饿,能量也不太高。"

我一直觉得巴甫洛夫的至理名言其历史意义与现实意义都是不言而喻的。可是,化学研究的最新进展却对味道是否仍可以被信赖为检测食品质量的试金石提出了质疑,就是因为味道现在可以任意人工合成。

> 现在的肉鸡肉只有一个缺陷:它们真的食之无味。这是罗

宾·克拉珀姆在《农夫与养殖者》(1961 年 5 月 23 日)上说的。自从首栏十周龄鸡雏从第一家密养场出栏之日起,我一直这样说······现在,这个问题甚至已经传到了肉鸡养殖户们的耳朵······甚至 W. P. 布朗特博士本人的话都已经被援引助势:鸡肉难以下咽,举国"怨声载道"。

他接着又说,养禽业必须要给鸡以一定的味道:

> 如果人们说他们只吃大黄叶柄味的鸡肉,那么再极力反对现行做法已没有意义——我们卖给他们正是他们想要的······不难想象美国人将要引进花色多样的新风味,来强化他们的"把我们埋进鸡肉里"的威胁······

1962 年 10 月 11 日的《金融时报》报道说,如果说该领域有什么顶尖成果的话,那一定非"鸡肉的鸡肉味"莫属。

> ······该行业曾有用饲料色素添加法来加深密养鸡蛋蛋黄颜色的"战绩",如今在试验用一种"鸡味萃取物"来平息密养法导致的对无味鸡肉的吐槽。

紧随其后的,不用说,肯定是熏猪肉味素、牛肉味素和羊肉味素。

伦敦伊丽莎白女王学院(Queen Elizabeth College)的尤德金(Yudkin)教授在 1962 年以"生命的危害"(Hazards of Life)为主题的皇家公共卫生研究院大会(the Royal Institute of Public Health and Hygiene Conference)上,带我们进入这化学药剂的丛林里去探秘:

> 但是,食品产业还有其他一些开发能力。它可以研制出食物萃取物和混合物。由于质地改变了,又添加了色素和味素,因此,我们觉得非常可口。然而,我现在要告诉大家食品厂家这种一味迎合我们口味的开发新食品的能力具有极其严重的饮食潜在危害性。

> ······什么可口吃什么,我们可吃到满足我们营养需求的食物。

但这点只有在不把适口性和营养适切性分开来时才能实现。如今,由于有了现代科技手段,食品厂商就能做到两者各走各路,毫无瓜葛。我们要求他们生产的食品看相好,口感极好,质地绝佳。然而,既然我们别无附加要求,而且他们又能够脱离食品营养价值来专门满足我们对美味感觉中的视觉、味觉、触觉等具体需求,因此,我们实际吃到的东西常常就是这样来的。

……我们很快就会吃到馅饼、汉堡和香肠,里面的肉应有的色香味品质俱全,但却缺乏营养价值。

有鉴于此,未来对这些"强加于人的食品"的营养效应的研究明显具有很大的研究空间。事实上,对纳入本书话题的这些非自然食品的营养价值以往的科研少得惊人。其主要原因是研究经费不到位,独立、中立的科学家无法从事必要的长期研究。以防误解,换言再说,就是食品问题的研究经费并不缺乏,问题是,几乎所有科研工作都这样或那样地与资助企业捆绑在一起,留给站在消费者立场上提供无偏见答案的研究少而又少。

很遗憾,这个领域比较窄,我只引述具有独立思考精神的几位科学家所做的三项小型研究结论,在我看来,他们的判断是公正的。

第一项研究是由食品贸易领域的领衔分析师米尔顿博士完成的。他在 1959 年里每个月都做了分析,他的分析发现:

叠笼养鸡蛋

维生素 A	4200 国际单位/100 克
倍他胡萝卜素	310 国际单位/100 克
总计	4510 国际单位/100 克

散养土鸡蛋

维生素 A	7200 国际单位/100 克
倍他胡萝卜素	1630 国际单位/100 克
总计	8830 国际单位/100 克

β 胡萝卜素是由机体转化成维生素 A 的物质。维生素 A 具有抗感染功能,能保护我们免受流感等疾病的侵袭。

这份分析取自劳伦斯·伊斯特布鲁克,他的评论意见是这样的:

> 作为营养质量指南,这个分析比蛋白质的要好,后者纯粹是个化学分析,言之无物。

1961 年 8 月,他确认这些数据仍然没有任何异议。他继续评论道,"米尔顿博士现在做的实验又深入了一步,现在似乎看来,不管往鸡粮里添加什么东西,在营养价值上都不能抵消现行密养条件操作成本。"

沃特福德市(Watford)素食研究中心(Vegetarian Research Centre)的弗兰克·沃克斯(Frank Wokes)博士与伯明翰大学生化系的 F. W. 诺里斯(F. W. Norris)合作发表了一篇论食物中 B 族维生素的论文。文中报告了他人所做(他们自己也做了)的一些实验结果,实验对象就是散养土鸡蛋与叠笼养鸡蛋,证实了鸡蛋作为人类饮食一部分的重要性。

> 在人类饮食结构中,大量维生素 B_{12} 可由鸡蛋提供。近期权威性研究结果(McCance & Widdowson,1960 年)显示,人类建议维生素 B_{12} 的 1 毫克口需求量约一半可由一枚平常鲜鸡蛋提供。但条件是,母鸡的鸡粮必须是正常英国商用种鸡日粮,其中每百克含有维生素 B_{12} 1.5 毫克,并且还含有动物性蛋白。然而,许多蛋鸡(如叠笼养蛋鸡)从日粮中摄入的维生素 B_{12} 太少,结果,她们所生的鸡蛋只能提供人类日需求量的四分之一到五分之一。另一方面,当蛋鸡从土壤或粪肥中的动物性物质或适宜微生物那里摄取了大量的维生素 B_{12}(这在散养或深垫草养殖法中即可实现),那么,这些鸡所产的每一枚鸡蛋所提供的量平均即超过人类的维生素 B_{12} 日需求量……但是,据麦坎斯和威多森(1960 年)推测,这个数值在正常状态下储存过程中会下降。

鸡蛋维生素 B_{12} 含量（毫克/每枚）

			平均含量		
散养	七月	1.24	±	0.15
	八月	0.83	±	0.03
	九月	0.70	±	0.16
	十月	1.05	±	0.03
	十一月	0.48	±	0.04
平均		0.77		
深垫草	七月	1.28	±	0.18
叠笼养	七月	0.43	±	0.02
	一月	0.34	±	0.04
平均		0.39		
商店农场蛋	十一月	0.53	±	0.07
商店普通蛋	十二月	0.27	±	0.01

注:12枚蛋平均,除商店蛋外均为新生蛋。

从以上结果中可以看出,叠笼养鸡蛋的极其重要的维生素 B_{12} 含量明显低于自由觅食散养的土鸡蛋。当然,他们的实验规模较小,由于这个缘故,其实验结果不能视为定论,但是,这些实验都共同表明,针对该课题有必要进行更多的研究,有必要投入资金来支持研究工作的开展。

最后,让我来简述一下牛津营养学家休·辛克莱(Hugh Sinclair)博士所做的研究工作,他曾跟我说:

> 几年前我在我的个人实验室里做了点研究工作,实验结果使我认识到,叠笼养鸡蛋孵出的鸡雏在几日龄时即发生动脉硬化,而散养鸡蛋则无此疾。

他在1961年1月28日的《柳叶刀杂志》(The Lancet)上较为详细地介绍了他所做的实验:

> 基于现有证据,我对农家土鸡蛋情有独钟,而对叠笼养洋鸡蛋不屑一顾,主要来自1956年夏天我做的一次简单的实验。我让两种类型的鸡蛋都受精,孵出雏鸡,发现叠笼养母鸡生的蛋孵出的几

日龄小鸡的主动脉里出现苏丹红四染红材料,而散养土鸡则没出现这个问题。前一个类型雏鸡接着用商业饲料在室内育成,屠宰时发现,其脂肪沉积较多,而同一来源的雏鸡自由采食散养育成的鸡则没发生上述问题。这项工作我要继续做下去……因为鸡蛋是我们饮食结构中的重要成分。尽管不完全正确,但目前鸡蛋确实倍受质疑,因为它们在提高血清胆固醇水平上是十分高效的。

我国主动脉硬化症的持续增多一定会迫使我们研究降低其发病率的办法,并对该问题的解决有启发意义的任何研究都要密切关注,认真对待。

比克内尔博士对我们饮食中的不饱和脂肪酸的重要性作出了如下解释:

> 胆固醇极其类似于维生素 D、性激素、肾上腺皮质激素和致癌性的碳氢化合物……富含固体动物脂肪或氢化油如人造黄油的饮食是引起血胆固醇升高的主要原因,而含有不饱和脂肪酸的液态植物油恰好能逆转固体脂肪引起的高胆固醇水平……氢化油不仅破坏不饱和脂肪酸,而且能把它转化成一种抗不饱和脂肪酸物质。本来饮食中供应就不足,这样一来反倒提高了机体对不饱和脂肪酸的需求。供应不足的原因是,不饱和脂肪酸本来应该由猪肉、鸡蛋和牛奶提供,但是喂给猪、奶牛和母鸡的浓缩饲料可能缺乏不饱和脂肪酸,所以,也就没办法传递到我们嘴里。

根据推测,农业部本身也承认密养生产出来的鸡蛋质差品低。在《孵化与孵化场操作方法》一书中,他们指出:

> ……胚胎的存活与成功发育是在隔离于每日饲料补充的环境下进行的,所以必须依赖蛋内含有除了氧气之外足量的每一种必需营养物质……
>
> 商用蛋鸡靠多种蛋鸡日粮都能保持尚好生产性能的事实,不应任其误导我们认为同样的日粮也可胜任种鸡的日粮。这是大错

而特错的。这种日粮很快就会引起麻烦。不仅如此,种鸡群在生蛋的事实并不能保证它们受精后就会孵化,或者,即便孵化了,出壳雏鸡也能发育正常。通常限制性因素就是蛋内缺乏维生素或矿物质。必须明白,这些必需营养物质的缺乏可达到使孵化率成为不靠谱之事的程度,但不应达到对母鸡的健康或产蛋力产生不良效应的程度。

米尔顿博士对食品质量给出的定义是,"使积极健康状态在生物体内得到持续的一种因素",而这可能是留给我们唯一的一种手段来定义质量了。因为天然风味已被剔除,代之而起的人工合成品,适口性与质地也都被药物与激素弄得一塌糊涂。

第九章　虐待与立法

　　关于人与动物的关系,有两种思想基础同样都站不住脚,但却把人对待动物太残忍的讨论淹没了,几乎听不到声音。首先,很多很多动物爱心人士赋予动物以人格,不仅让人和动物在所有方面都平起平坐,甚至让动物得到的关注、关爱和重视比人还要优厚。其实,这些人这样做对他们力求推进的事业不但于事无补,而且可能适得其反。然后还有一些人自诩自己对待事物善于理性分析,能撇开个人思想感情因素,因此他们没让动物享有高于人的敏感度和智商,把动物的存在意义定位在完全为人任意使用上。如果这种使用包括了动物的痛苦,这也就有了推卸个人责任的借口,除非这种痛苦的使用如此严酷以至于他们本人都要理直气壮地对其加以谴责。虐待的程度有多种,对虐待的容忍的深浅度也有多种。正因为这样,即便在我们这个"文明"时代里,也必须就此制订法律,且必须严格执法。

　　从高等动物的感官与神经系统与人类的相似这个事实中,即不难发现动物对疼痛和不适是敏感的。高智商动物的记忆时间也长,预测感也强,因此,要比欠发达动物感受痛苦更为强烈。但对初始痛苦的感受两者之间却无大差别。牛津大学动物学讲师约翰·贝克(John Baker)博士对这一点有详细论述:

智力与感受痛苦的能力可能有一定相关性。一般认为,智力动物能感受快乐和疼痛,对于这些感觉、感受的相随相伴既能识别又能记住,并能在行为上做出相应调整。聪明的动物和愚蠢的动物同样都能感受疼痛,但是由此而改变自己行为的程度却大不一样——蠢的无动于衷;但在相同疼痛刺激下,智力高的动物则更倾向于感受到后怕,因此出现畏惧感。总的看来,大脑半球越大越复杂,其感受强烈痛苦的能力可能就越强。(《善待动物的科学根据》[*The Scientific Basis of Kindness to Animals*])

动物不愿意回到致使其不适甚至痛苦的来源地,这种情非得已的情形能清楚地留在动物的记忆中吗?例如,为了维持啄序制度,鸡必须记住它所在的社会秩序里"上智""下愚"和"中知"。尽管最初的冲突并不惨烈,但是,社会等级制度一旦确立,则固化,难于重新洗牌。但这也意味着鸡有一种预期感。败北者不敢横穿胜战者面前的道路,因为害怕再被对方啄伤。尽管叠笼养殖的母鸡确实没有自由觅食的散养土鸡那样的机会开发一点智力。但我却不能剥夺本书所关注的这种最低等鸡群享受欢乐的权利,当然也包括感受恐慌的权利,因为它也给生活平添了高高低低的多样化,也不想把有意识的一只动物与一种植物或一部机器分出个云泥霄壤、高下贵贱。

在这个国家里,人们隐约有个印象是,动物受到免于各种形式的残忍对待的法律保护。但是,我们还是要审视一下这方面的法律。保护动物免受残忍对待的最重要立法是 1911 年的《动物保护法》(*The Protection of Animals Act*)。当然,这部法过时得有点不可救药。它的起草者当年不大可能设想出现代畜牧业持续存在的形式隐蔽、情节恶劣的对动物的残忍虐待。现在让我们具体审视一下 1911 年《动物保护法》的条款,以展示该法律规定意指的保护动物免受各种现代形式残忍的摧残该有多难:

（1）如果任何人

a. 残暴地打、踢、虐待、过度驾驭、过度驱赶、折磨、激怒或恐吓任何动物，或令其过度负载，或引起、导致动物受到如此对待，或作为其拥有者允许动物受到如此对待，或通过放任地或无理地实施任何行为，或不实施任何行为，或引起或导致任何行为的作为或不作为等方式，引致动物遭受不必要的痛苦的，或者，作为拥有者，允许动物遭受痛苦的情况发生；或者

b. 在运送或搬运任何动物时，或引发或导致动物被运送或搬运时，或作为拥有者，允许动物被运送或搬运时，其运送或搬运的方式或安置处理，使动物遭受不必要的痛苦的；或者

c. 引发、导致或帮助他人与动物交手搏斗，或招惹动物的……

d. 无任何合理的原因或借口，而故意给动物施用任何有毒或有害的药物或物质，或引发或导致给动物施用任何有毒或有害的药物或物质，或没有合理原因或借口故意造成动物摄入任何这些物质的，或

e. 在没有应有的护理与人道主义对待的情况下，使任何动物接受手术治疗，或引发、致使该手术发生，或作为动物拥有者，允许他人迫使动物接受手术治疗的。

那么该人则触犯了本法意指的虐待动物罪，即可按简易程序即席定罪。

（2）为施行本条，如果动物拥有者在动物保护方面没有合理照管其动物，根据本法的意旨，他则被视为虐待动物。

（3）本条不适用于……

a. 在屠宰或准备屠宰动物用做人类食物的过程中任何行为的作为或不作为，但屠宰或准备屠宰动物时伴有使动物蒙受不必要痛苦的情况除外；或

b. 追赶或猎捕任何被圈养的动物……

在我们讨论它们与集约化养殖法的关联性与它们对当今环境的有效性问题上,除 1c 和 3b 之外的条款尤其值得我们关注。

值得注意的是虐待动物从来没定义为某种绝对的属性。因此,该法的解释空间极大。同时,使人深信不疑的是,人们不想去定义或明确是什么构成肉用动物饲养与屠宰中的动物虐待。事实上,如果某一个人不善待某一个动物,则常被认为是虐待了动物。但是,如果一群人不善待一群动物,尤其在打着商业的旗号时,这种实际的虐待常得到宽恕。而一旦一大笔钱要危在旦夕,那么,那些原本都很有智慧的人们往往为这种虐待辩护到底。

如果案件按照普通法系中的判例法来下判,那么成文法中的定义过于宽泛松散则显得无关大局。但是就动物有关的案件却从没有这样审理裁决的先例。皇家动物虐待预防协会(Royal Society for the Prevention of Cruelty to Animals)的一位官员对我说,该协会从未受理过胜诉率达不到 100％的案件,这大概就是为什么没有启动普通法诉讼程序的原因。同时,我会认为这些普通法诉讼,尽管没有 100％的胜诉率,但却能更有效地精准定位成文法中的短板和互相不符的冲突现象,这是媒体连篇累牍的大讨论所不能及的。现无任何农户甚至包括那些把集约化发挥到极致的厂家得到法律处理的事实,使得连续数届农业部长底气十足,都心安理得、自鸣得意地用套路式话语系统地回应每一位批评者。

> 判定这些状态是否构成对动物的虐待是法院的事情,由法院来依据 1911 年《动物保护法》的具体条款来裁定……

农业部说的这些话里似乎设定了先决条件,即自从该法通过实施以来,该种饲养法的进展现状并没有促成修改该法的必要性。他们也宣称,目前动物们正在茁壮成长,因此,根本没有理由推想它们遭受了任何不适。他们还说,所有形式的农业生产都不同程度地违反了动物的天性,干涉了动物的生活,他们目前尚未听到本国有什么极端的情况成了气候。既然这些说法和主张自相矛盾,难圆其说,我们姑且立场淡然,听其自然,暂不顾虑养痈为患。

农业生产改变动物天性的程度已经远远超过剥夺动物与生俱来的享受自由浪漫、阳光灿烂和绿水青山的权利,现已达到实际上戕伤了动物的除了求生本能之外的几乎所有天性本能的程度。布茨农场(Boots' farms)的斯蒂芬·威廉姆斯(Stephen Williams)先生,在一次集约化引致的一般问题的研讨会上说:"根据他的观察,动物们确实出问题了。"他认为,"它们在失去活下去和战胜疾病的意愿……"话题就此打开,《农夫与养殖者》人员再添观点,"大群饲养畜禽意味着性格懦弱的动物就成了低端个体,群养规模越大,其中某个个体自杀的可能性就越大"(《农夫与养殖者》,1962 年 1 月 30 日)。

除了猪以外的所有动物在集约化畜牧业中受挫的第一个本能就是新生幼畜、幼雏等求助于母亲以获得保护的本能,在有些情况下,还包括获得食物的本能。雏鸡从孵化器中破壳出来以后,从未看见过母鸡;犊牛一出生或出生后很快就被运去作为小肉牛或小菜牛加以育肥。甚至仔猪断奶也相比过去提前了很长一段时间。这些改变的杠杆因素就是经济利益。

我们阻挠动物本能的第二个行为就是动物选择自己食物的自由。尽管在户外,只要有边界围栏限制,动物们的饮食就不是全价的,尤其是现在我们喷洒农药后,往日的葱绿茂密的树丛不见了。但是即便如此,动物在自由采食中还是能找到不少乐趣的,更不用说,在良好饲养管理状态下,还有一些令人满意的其他类食物的补充。美国博物学家罗伊·贝迪茄克指出,叠笼养殖的鸡不但被剥夺了抓挠的本能,而且"支配这个本能的神经与肌肉机制也受损了"(《和一位博物学家的冒险》)。

犊牛"常啃咬圈舍的木制部分,它们是如此渴望粗饲料",小肉牛常舔吸他们所能够得到的一切东西,甚至包括畜舍板条上的尿液,这一事实证实了加工饲料的永恒颗粒既不总是令人满意,也不总能全面满足动物需求(《农夫与养殖者》,1962 年 4 月 10 日)。通过束缚动物,限制其活动,并在每次饲喂时都在它们面前单调地摆放同样的食物,我们就这样使动物渐渐失去了对生活的乐趣,以至于所有集约化密养的动物都惨遭无聊的折磨。从根本上讲,动物们对周围正在发生的一切,以及一切都是怎么回事,都是充满好奇心的,它们也喜欢"遥望沧海桑田,目睹世事变迁,体味物是人非"。在这一点上几乎与我们别无二致。罗伊·贝迪茄克指出,叠笼鸡房的母鸡拥挤不堪。有时莫名其妙地爆发席卷全场的歇斯底里式骚乱:狂奔乱串,发出不自然的啾啾声、乱七八糟的尖叫声,仿佛每只鸡身上的每一根羽毛都在扇动,简直上演了一场《猛鬼出笼惊狂记》。他紧接着又给出了对这种现象的解释:

> 雏鸡包括它所属的同类鸡群的每一个成员的神经机制,就上面问题来说,一般是针对连续的恐惧刺激做出反应,随后进入安全期……我觉得,就是这种本能被扭曲了,才使得鸡出现突然的、动机不明的恐慌……就像由生理决定的某些习惯的表达与使用长期受抑制时,这些习惯迟早会在不正常行为中得到表达。

受制于养殖单元拥挤的顽疾,生产者难于根治无聊这种集约化生产的缺点。而无聊能够,也确实导致了"恶癖"。家禽之间的啄羽癖、猪之间的打斗和咬尾癖,等等,每天都使得生产者们不胜其烦,原因很明显,宰后胴体卖相伤损会造成收益大损。

家畜出于本能一般都不会在自己的粪便上或附近躺卧。看到一日龄小猪仔焦急地冲向排粪通道去方便,这场景真是令人感到妙不可言。可是恰恰是这种远离自己粪便的行为在集约化养殖中却被我们给强行改变了。实际上,我们把动物能在自己的粪堆上生存当成它们的一种美德,当然是经济学美德。这样做可以省却给动物供暖用的燃料。人们甚至认为在猪舍地面上再安装固体地面是有优势的,因为猪能把这些固体地面舔干净,因此省出了不少料槽的空间,同时省却了农户不少的清扫劳动。

动物的睡眠周期被粗鲁地无视了。叠笼养蛋鸡的照明模式实验随时随地在进行。母鸡的全部功能就是生蛋。目前,照明不管有多明多暗,只要适合达此目的,就被采纳。在一家农场,已经测试了全天 23 小时照明的模式。而肉鸡一生有三分之二时间是在黑暗中度过的,小肉牛常常在如果不是全暗也是昏暗中度日的,新生犊牛养殖单元崇尚暗养,养猪单元也常常效仿,原因是无灯猪舍的建造与管理成本更低。

但是,部长却说任何对动物的虐待行为都由 1911 年的《动物保护法》全面覆盖了。

最后需要提到的是,动物,尤其是偶蹄动物,其蹄能黏在坚实的地面上。而站在板条地面上,它们会感到极不舒适,局促不安。然而,出于经济利益的考虑,几乎所有集约化密养的动物都在板条地面上饲养管理。

1961 年全国各地都在热议板条使用问题,而且皇家展览会(Royal Show)也办了一期板条地面饲养偶蹄动物的专题展览,这样农民们可以仔细察看,以便做出采用与否的明智决定。农业行业媒体当时众说纷纭,莫衷一是。当时,《农夫与养殖者》总编对这场争议做了总结,然后提出了一个建议性解决方案,该方案代表了当代人们对待动物的普遍态度:

> 当下,人们对本次皇家展览会(Royal Show)现场的一个有亮点的展览——板条地面栏舍聚讼不已,各执己见。正方说,此法省草,省力,动物在上面快活;反方说,此法伤腿,漏风,动物讨厌它……

> 这里让我们对这些观点敞开胸怀,与时俱进,权衡利弊……基于我们现阶段知识积累与常识逻辑的情理之言就是,畜禽属于"一次性易耗品",畜禽还没等到严重畸形降临之前,通常已被屠宰。因此,板条地面养殖利大于弊。

> 另一方面,种畜禽工作生活周期较长,其腿脚必须利索。因此,板条栏舍养殖的密度太大,由踩踏板条产生或过后产生的损

害,似乎使该法弊大于利(1961 年 7 月 11 日)。

从图 17 的小肉牛的照片里可以注意到,这些"一次性易耗品"由于长期躺卧于板条上腿关节周围脂肪沉积很明显。

但是,部长却说任何对动物的虐待行为都由 1911 年的《动物保护法》全面覆盖了。

那位供职于《农夫与养殖者》的兽医研究了两组奶牛,饲喂与照料方式相同,持续两年。唯一不同的是,一组圈养于板条栏舍,另一组置于正常牛棚里饲养。最后,两组奶牛都被赶到附近大院里接受该兽医的体检。

> 不比不知道,一比吓一跳。以我估算,牛棚牛牛均体重一般超过其板条舍同伴 1.5—2 英担。且传统棚养牛眼睛明亮有神,年轻活泼,富有朝气。而板条舍牛则看上去表情冷漠,满脸倦色,老气横秋。许多牛站在那里僵硬呆板,脖子发直,腿脚抬不起来:有的球节、飞节肿胀,还有几头屈肌腱已经下垂。几乎所有的板条舍牛都像站在火炕上一样心急火燎地在院子里转来转去。

他报告说,板条舍牛的奶产量明显低于其他养法的牛。板条舍猪的表现也大同小异。

> 那位兽医继续说道,除了焦虑性神经症外,偶蹄动物不应该在板条地面上饲养还有个生理原因:牛、羊、猪腿的肌腱整个控制机制都与蹄爪的一分为二形成精准匹配,要正常发挥这一机制,两蹄必须稳稳地置于相当均匀的表面,这样动物的体重才能得到均匀地承重。当那一只只由偶数趾构成的牛蹄踏在单一板条构成的板条地面时,牛身体的重量就不可能均匀地承放在各个趾上。而这不均匀的受力又都落在了动物的所有筋腱与关节上,造成后者承受的压力与张力过大。因此,自然会出现各种异常、失调与紊乱。

(《农夫与养殖者》,1961 年 6 月 20 日)

全国各地发布的来自农业学家的多份报告显示,在有板条地板的地方,牛一般能回避就回避。有一份报告说,牛宁可躺在青储饲料浆坑里,也不愿意站到板条地面上去。1961 年 12 月的《农业》杂志上报道了国家乳制品研究所所做的一项针对奶牛饲养中使用板条地面的研究工作。他们发现那里的奶牛在头 48 小时里根本就不在板条地面上躺卧,在此之后,也远远没有舒舒服服圈养在稻草褥草上的躺卧时间长。但是,跟那位《农夫与养殖者》兽医有所不同,他们指出:

> 尽管奶牛遭受了腿、蹄、乳头等部位的伤痛,却很少有报告说移入板条地面舍养的奶牛的奶产量下降。同时并没有报告说,储存牛和育肥牛的活重增重下降。

最后,给生产者带来经济优势的这个因素胜出。现在,不仅户内板条地板舍占了很大的比例,而且正在考虑再往前迈进一步——使用金属丝网。一般认为,这样就更容易打扫一些。有一位已经尝试了这种地面的小肉牛养殖户发现,"犊牛很轻松就能躺下,但是,它们站起身时,好像发现地面有点硬,硌着膝盖疼……两天以后,还是在这块金属网地面上,所有的犊牛都共同"决定"用马起身的方式站起来更舒服,也就是先站立前腿"(《农民周报》,1962 年 12 月 14 日)。

鉴于板条(丝网)地面的商业优势太大了,难于割舍,1962 年 8 月的《农业》杂志引用了威尔士大学学院(University College of Wales)所做的一项成功的实验结果,作为一个很有用的折中解决方案。奶牛饲喂区是板条地面的,褥草区则保留褥草地面,这样也多少节省了一些稻草和清洁劳动量。

> 该系统中舍饲的所有奶牛都可同时得到干草。它们排成一排,没表现出什么大惊小怪。吃食时也没有恃强凌弱的现象,这一点显得特别显眼。也许是因为板条地板舍养的牛远没有其他类地面饲养的牛更有自信心。一旦吃完它们的草料日粮,它们即可一回到褥草区休息,这场面非常有意思。在整个该系统运行的九

个月里,没发现一头牛在板条地面区躺卧。非常偶然地会有一头另类"非典型"的牛半夜里站在平台上。但有一点令人确信无疑,只要存在其自由选择的机会,奶牛不会选择住在板条地面上。

最后,那位《农夫与养殖者》兽医指出,目前广泛使用的网格栏舍简直就是专门为偶蹄动物感到不适应而设计的:

> 当我们想要圈住牛、羊、猪在一块地里面,同时又不想烦频繁开关大门的神,怎么能做到呢? 我们可以挖个坑,用砖头或混凝土把坑的侧壁砌墙加固,在上口盖一块"牛棚铁丝网",或若你喜欢,扣上一块"板条地板"。完工后,从此不再烦心。何以见得? 答曰:只要有其自由选择的机会,偶蹄动物们就不会往铁丝网或板条地面上踩的。牛群从来都不会在铁丝网上溜达的。(1961 年 6 月20 日)

铁丝网地面的目径与丝径比例的设计规格就是让动物站不住脚的。板条地板的间距与条宽之间比例的设计规格刚好让动物站住脚。但是,达到足以仿固体地面程度的目数与密度的铁丝网地面不足以漏下去粪便。这就是症结所在。既然遗传学家成功地繁育出了无羽、无颈、几乎无腿的家禽,再进一步,设计出一头奶牛长着大象的蹄子,也不是力不能胜的事情,这样,一切问题都迎刃而解了。

农业部并不承认这是对偶蹄动物的一种形式的虐待。因为部里在1963 年 6 月批准了混凝土预制板条地板的规格设计,并获得除了奶牛以外其他所有动物饲养的资助。

公众对集约化动物饲养法发出的最强烈的谴责就是,动物们在死之前并没有生活过,它们只是存在过。家畜饲养的商业化中不再有温暖而言,很多生产厂家坦言,他们恨这些动物。因为家畜要靠照看它们的人活着,所以在这种情形下,动物是直接的输家。农业界流传一个说法说,药物已经取代了饲养技艺与管理精神,此事确不尽如人意,但是又不好对饲养者求全责备。我们怎么好强求他用养几个动物时作为饲养员的那种知晓动物需求的直觉与本能来照料那么多动物，一对多的多实在是太多了。

同时，也不好强求他们在昏暗或黑暗中随时发现养殖单元里有什么异常。对饲养者来说，这些要求实在有点遥不可及，勉为其难。这种养殖法要求动物具有巨大的忍耐力。

> 几乎谈不上对个别病禽实施隔离与单独诊疗，而使用饲料添加剂进行大规模药物治疗是防控疫病爆发的唯一合适的方法。

以上是一家药厂跟我们讲的原话。但是，1960年的《乡下人》（*The Countryman*）上的一篇文章却指出了一个更大的潜在危害：

> ……总有些畜禽不能适应这种养殖系统，但在这种薄利多养的"工厂化"环境里，它们得不到多少照料。犊牛的情况还好些，犊牛毕竟比鸡贵，但是，肉鸡舍总是有一些病鸡死掉但并未被发现。

英国制油与油饼厂（现已不存在）的布朗特（Blount）博士在他的《叠笼式蛋鸡饲养》（*Hen Batteries*）一书中承认：

> 有些鸡，还好约有千分之一，它们拒绝笼养——不吃不喝……体重减轻，最后，变得瘦骨嶙峋，若不被注意，则必死无疑。（但是，请记住，这些"闷闷不乐"的鸡是很容易查出来的，并可以迅速淘汰……）尸检报告未显示异常。这些鸡真不幸。把它们圈在笼子里是残忍的……

其结果，每年都有2.8万只鸡因其圈在笼子里不开心而被淘汰。

但是，部长却说任何对动物的虐待行为都由1911年的《动物保护法》全面覆盖了。

数百年来，动物历经不断浇筑、重塑，已经完全打造成满足人类目的的机器，用来以越来越快、越来越低的成本生产出人类所需之物。即便在今天这种它们不得不忍受的十分恶劣的工作条件下，它们长期通过遗传获得的生理与生产机制也不会一下子崩溃。这需要时间。同时,生产厂家和他们的支持者们却连篇累牍地为厂家辩护。他们说,他们的动物在茁壮成长。就算是它们遭受了什么痛苦,它们也不会崩溃。说实话,动物要是长得不壮,他们也挣不到钱。但是这话的正确性究竟有多大呢?

现在茁壮成长的一个可接受的内涵意义就是处于活跃状态,也就是构成健康的一个要素。拿小肉牛的例子来说吧,厂家靠小肉牛的贫血症来挣钱,也就是说靠动物的不健康来谋利。农业部已经承认生产白牛肉过程中小肉牛的贫血是不可避免的。有些小菜牛封闭式饲养了一年以后,出栏待宰时,已经出现失明、肝损害还有其他一些临床症状。然而,屠宰场竟然给这种"瞎牛"肉定级为"优"级。

在卫生保健和法律领域,涉及人兽的有些词的定义彼此反差较大。"thriving"一词在《牛津词典》里的定义是"繁荣的;蒸蒸日上的;旺盛的;富有的";但是,要是用于动物,就是"茁壮成长的"。国家奶牛研究所奶牛饲养管理部(Dairy Husbandry Department, the National Institute for Research in Dairying)不久前的前任主任斯蒂芬·巴特利特(Stephen Bartlett)博士对我们说,小动物无论在何种条件下都会茁壮成长:

> 动物生长发育是一个复杂的过程,简单化的解释会产生误导和失真。但有一句话没有说错,就是,所有新生动物都拥有一个显著特点——不惜一切代价地生长的趋势。半饥饿状态会使发育迟缓,但不会使其停止⋯⋯(《农夫与养殖者》,1961 年 3 月 7 日)

然而,我认为,公平起见,应该把"不惜任何代价生长"与这些动物除了增重之外别无他择放在一起考虑。因为增重是他们生活中的唯一目标,对它们的饲养管理也完全围绕此目的展开。它们所有获能必须要转化到料转肉的过程当中,这样来说,它们增重就不足为怪了。但是,这与生活的心满意足或健康没有半毛钱关系。真的心满意足的动物怎么会有催人泪下的高死亡率,以至于必须持续使用抗生素,动物才能维持活命？如果小菜牛在 15 平方英尺的空间里已经很快活的话，还有必要在其饲粮中添加镇静剂吗？它们的体重迅速增加的部分原因是不是由于采取了颇受质疑的激素添加剂的做法了呢？

1961 年 7 月，劳伦斯·伊斯特布鲁克给伦敦的《每日邮报》撰文说：

> 不管是对还是错，我十分讨厌用他们称做叠笼的那种铁丝抽屉来养鸡的想法。我觉得这样做太残忍，而且生产出的食品也是孬货。

> 不要跟我说，如果它们不快乐，就不能长壮。让我在又脏、又潮、又恐怖、又悲惨的壕沟里蹲上一年，我也会增重的。

很明显，生产者测定动物的舒适度与愉快度时只跟他所获得的利润挂钩。尽管动物们甘当这部机器的一个部件，并忍受其苦，但生产者自始至终还是要为他使用这些养殖法的权利辩护。

这里让我给大家呈现其他一些现行法律在保护动物上不起作用的情形。在这里，我又一次感到，测试诉讼可能已经进行过，且已胜诉。

1954 年的《鸟类保护法》(*Protection of Birds Act*) 第八款规定：

> 任何人用长宽高不足以使鸟自由伸展翅膀的笼子或其他容器养鸟或囚禁鸟的，即属犯有本法规定之罪，一经定罪，可受特别处罚。

> 但本条不适用于家禽……

对这部保障除了家禽以外的鸟类扑打翅膀权利的法律，我们该如何加以理解呢？该法明显诡辩，漏洞多多，本法与其制定者均自取其辱。好吧，让我们自我蔑称为"店主之国"吧。

这一保留条款使得叠笼养禽业在法律的庇护下得寸进尺，逐步减少鸡均生存空间，甚至达到不仅张不开翅膀，而且也伸不直脖子的程度了。

格子笼制造厂家在 1962 年拉起了"为何不节省空间？"的横幅，掀起了一场压缩空间的技术革新运动。7.11 英尺四层组合叠笼,高度降至 6.55 英尺。这就使得笼子自身(不要忘了笼子之间孔隙还要走鸡粪传送带)前部 15 英寸高,后部只有 12 英寸高。为了让新生蛋能够滚动过去,母鸡无可奈何只能在前低后高笼子里的 1∶5 倾斜度的斜坡地面上度过此生。想象一下自己家起居室地面的倾斜度达 1∶5,再想象一下在这么陡的斜坡上不断保持身体平衡给自己身体肌肉所造成的紧张度是什么样的。想象一下一只规格为 15 英寸高,15.75 英寸宽,16 英寸进深的鸡笼里,要挤进去 3 只甚至 4 只小鸡。拿一把尺子,测一下笼子尺寸,记住,1 笼 3 鸡时,每只鸡分享的宽度只有 5.25 英寸。笼内 3 只鸡要想伸伸脖子,唯一的方法就是把头从鸡笼栅栏的孔隙中伸出去。

这些蛋鸡,还有肉鸡,其鸡均面积 0.8 平方英尺,都必须接受断喙术,以防止它们自相残杀,这一做法现在看来根本不足为奇。断喙术涉及到用专门的断喙机切除鸡上颌骨的将近一半,但也可人工断喙,有经验的或无经验的都能上手。这本身就是对鸡的一种伤害。1962 年 10 月 6 日的《东盎格鲁每日时报》(*East Anglian Daily Times*)上的一篇文章指出:"由不专业的人断喙,鸡会疼得很厉害。"文章接着引用了一个案例说,"有一只鸡在断喙后头就垂下去了,疼痛几乎使它失去知觉了"。

贝迪切克(Bedichek)在他的《和一位博物学家一起冒险》一书中毫不含糊地说:

> 我仔细观察过用这种方法饲养的鸡,我发现它们似乎很不愉快,健康状况堪忧。鸡冠给人的印象是死气沉沉,毫无生机,偶尔上面还出现几块刺眼、极不自然的色斑……我看到格子笼养的鸡到了一般要"断奶"的时候会出现失神丧魄的样子,在草丛里恣意追赶着蚂蚱。是的,叠笼养鸡房实际上成了鸡的精神病专科医院了。栏杆里面鸡眼睁睁,眼睛里闪烁着疯子一样的目光。它们彼此撕咬着对方背上的羽毛,或者说,简直就是把羽毛连根拔起,然

后贪婪地啃食黏附在毛根上的一抹抹血迹和肉丝。

既然在笼子里关养这一年里，蛋鸡这么高产，这就说明它们在里面的生活还是心满意足的，养禽业人士把这当成主要论据去据理力争。每只母鸡一生中其卵巢都具有产蛋的潜质，难道不是这样的吗？蛋鸡养殖者的任务就是确保全部能量都投入到产蛋过程中，而且是尽可能快速的产蛋过程中。饲粮、照明模式甚至包括在某些养殖单元里连续播放的背景音乐，都以刺激蛋鸡生产为目的。要记住，母鸡屠宰前只养一年，因此，必须在这一年里达到产蛋量最大化。

英国禽蛋销售委员会的诺尔斯（Knowles）博士曾说过，不管在何种条件下，母鸡都会竭尽全力生出一流鸡蛋，这一点是这场不幸争论中需要记住的最重要的事情。这一点也在母鸡产蛋疲劳症的讨论中得到了确证。在此之前，有人曾经指出，母鸡下蛋一直下到倒地猝死为止，该场讨论由是而起。

但她们为什么在猝死前不早就停止产蛋呢？个中原因尚不清楚。这是不是蛋鸡产蛋的遗传特性的某种指征呢？这是不是也是蛋鸡饲养管理上控制"强迫"量大小的一个指标呢？把产蛋多当成蛋鸡的幸福标准，就跟把在指定时间内被迫产肉多当成肉畜的幸福标准一样，是非常不靠谱的。笼养蛋鸡也增重了——她们怎样能够不增重呢——但是她们并不健康。根据布朗特博士本人的记录显示，仅在一年之间，养殖单元里鸡的"心脏、肺、卵巢、输卵管、肾脏、腿部肌肉、肝脏和腹腔等处都出现了恶性肿瘤"（《叠笼式蛋鸡饲养》）。恶性肿瘤只不过是这个鸡群所遭受的痛苦疾病之一。死亡率一般在 12％—15％ 之间，若包括淘汰鸡，可达 20％。这就是说，每五只鸡中总有一只并不是"苗壮成长的"。

在丹麦，法律已经禁止叠笼养鸡法。英国最大的动物福利慈善组织皇家虐待动物预防协会发放的一份宣传页报告说：

> 来自哥本哈根的丹麦虐待动物预防协会（Society for the Prevention of Cruelty to Animals）的一封信给出了导致政府通过该

种立法的原因："来自该国动物爱心人士的诸多投诉;母鸡始终以坐着的姿势"幽禁"在笼子里,叠笼垒起,永不见天日;鸡爪子被铁皮笼底弄伤,趾甲没办法磨蚀;兽医警察与兽医卫生保健部门联系各动物保护协会将立法提案提交给司法部(Ministry of Justice)……"

这里不妨跟进一句,丹麦是世界上最大的鸡蛋生产地,他们的生产系统已经很成熟,由自由采食散养与深垫草舍养加晴天散养两种模式组成,经济效益好,显示出了一片繁荣景象。

家禽屠宰加工厂

家禽屠宰加工厂似乎都目无法纪,泯灭人道,唯利是图,利欲熏心;他们屠宰加工肉鸡蛋鸡的目的就是为了获利。

《活禽运输禁令1919》(*The Conveyance of Live Poultry Order 1919*)规定的下列条款保护活禽在道路运输或上市销售中免受伤害。活禽:

> 3. iii.不应被不必要地绑腿,或绑腿状态超过必要时长,或大头朝下拿放……

我要再说一遍,本法规的立法讨论参与人对家禽屠宰加工厂的状况一无所知。如本书图8、图9的照片显示,待宰鸡被从包装箱里拆包抓出,钩腿倒悬于传送带上。在有些屠宰加工场,上钩到电晕之间只是几秒钟的事情,而在其他一些屠宰加工厂,待宰鸡要倒钩在传送带上长达五分钟才能到电晕或宰杀这步。倒勾在传送带上可使鸡血涌向头部,这样加快最后断颈时的放血速度,亦即倒悬法方便屠宰与拿放。但即便是方便、省事也省钱,但长时间这样拿放活鸡也是公认的残忍对待动物的方式,此地之残忍,换成彼地也是残忍。法律禁悬于养鸡场,也应禁悬于宰鸡厂。

英格兰东南部苏塞克斯郡"D.P.K公司"(快餐业)(《家禽世界》,1962年7月12日)的评论言辞激烈,句句扎心:

那么多小养鸡户不懂得抓鸡、运鸡的正确方法,令我感到十分震惊。就在昨天,我熟悉的一个年轻人来到我家后门,手上一只小公鸡被他拎腿倒悬金钟,小公鸡疯狂地拍打着翅膀……

一般情况下,我是一个性情平和的人,但是,却十分反感这种事情。这分明是一种极其残忍、没心没肺的拿鸡方法。

《活禽运输法》(*The Conveyance of Live Poultry Act*)也对用板条箱装鸡法做出了规定:

9. 在英国,作为家禽物主或监管人运输该家禽的任何人若将该家禽关闭于,或准许其关闭于容器中超过合理必要时长者,即属犯有本法 1894 年版规定之罪。

我访问的那家屠宰加工厂的厂主跟我说,他们厂的厢式货车每天凌晨一点钟去养鸡场装鸡入箱,回来后,摆放于厂房一侧,等候工厂开门,然后再拆箱取鸡,倒挂于传送带上。这些鸡在清晨开始出栏到进场挂鸡之间关闭在箱子里的时长显然容易达到八九个小时。

人们普遍认为,既然鸡是低智商动物,因此,它们目睹同类被杀时,不会预感到自己的末日来临。那么我们怎样才能确定这一点呢? 有谁做过实地测试证实了这是一个事实? 无论智商高低,预感死神来临难道不是所有动物与生俱来的本能吗? 在这家屠宰加工厂,我汪意到,传送带上的活鸡在交叉经过死鸡路径时,它们明显比其他时候更显得惊恐。有些仍然在箱子里的鸡,像在看台上一样,对屠宰工的操作过程一览无余,而且此种状态持续时间很长,直到轮到它们自己为止。

现在让我来讲一讲那个"加工过程"中我觉得最有意识的、最没必要的残忍对待动物的部分。

我们在描写家禽屠宰加工厂那章里所看到的那样,动物健康信托(Animal Health Trust)的赖特(Wright)先生观察了未经宰前致晕的活鸡直接经屠宰工过刀后,毫不掩饰自己的看法,他说:

……我毫无顾虑地认为未经宰前致晕而实施断喉术是严重不

人道的行为，因为在可观的时长内，鸡是意识清楚的，感受到的疼痛是巨大的。

受邀于人道屠宰协会（Humane Slaughter Association），赖特先生又对鸡在如此屠宰过程中的心跳与呼吸进行了测试，结果显示，五分之二的鸡是活生生地被推进褪毛缸里的。

让人匪夷所思的是，养禽业人士明知宰前未致晕的屠宰是残忍的，也知道目前尚未发明出切实有效的电晕器来应对大大增加的屠宰量，但还是在支颐展颜、精心筹划如何提高每小时处理量。大规模残忍的虐待竟然能心平气和、刻意为之地加以策划。托词就是商业竞争，只要涉及商业利益，养禽业者就可理直气壮地去做，什么虐待不虐待都在忽略不计之列。

拥有能对付高处理量的电晕器但出于经济原因闲置不用的屠宰加工厂家，无疑应该受到法律的惩处，即便我们的法律尚有很多不规范之处，但是这种情况应属"造成不必要痛苦"的范畴。但是，惩处真能落实吗？如果，该种情况在法律尚够不上残忍虐待，人们不禁要问，那么究竟什么才算呢？

小肉牛和小菜牛

皇家虐待动物预防协会正在迫切要求将失明小菜牛直接从农场分流到屠宰厂，以避免给交易市场造成恐慌，因为市场上的"有些牛贩子对牲口并不太善良"。该协会的检察官希斯（Heath）先生说：

> 在市场上看到这些牲口让人伤心——对它们来说环境是陌生的，它们常常头撞大门，有时还挤进人群里。

但是，据1963年5月4日的《约克郡邮报》（*Yorkshire Post*）报道，希斯先生对该报记者是这样说的：

> 目前本协会尚未起诉过任何违法犯罪行为，原因是难以证明动物遭受了《动物保护法》意指的痛苦——动物眼睛似乎疼得不厉

害——动物们只是不知道它们自己所处的位置。

无疑地,这些牲口忍受的痛苦来自它们什么也看不见。动物所遭受的虐待,尽管可能是偶然的,却来自于人们对它们失明事件的发生采取的一种放任态度。盲人的眼睛不一定疼。那么,我们为什么非得要求痛苦达到足够大后才采取起诉不法行为的手段呢?《动物保护法》中的措辞就是不必要的痛苦。

我在读到的科学新闻出版物的通讯中了解到了用速喂法养小菜牛所遇到的困难记载。在这些小牛中几乎不可避免地要出现一定程度的肺炎。在养殖单元里,咳嗽已经成了习以为常的事情。

失明、咳嗽、肝损害。可是就是这样一些饲料中因添加了抗生素、镇静剂和激素使得增重迅速,其肉产品却被盖上了"优质肉"的印章。

饲料营养不全

饲料缺乏某些保持动物健康所需的关键营养物质得要达到什么程度才能算作虐待? 当然,这是一种导致动物遭受不必要痛苦的不作为行为。这里我打算以大麦小菜牛和小肉牛为例讨论一下这个问题。

之所以称为大麦小肉牛,是因为不给其供草料,只供含有大麦粉、鱼粉和维生素包括添加剂的浓缩饲料。小肉牛的饲料缺乏营养的情况就更为严重了。完全依赖代用奶饲养。这是故意而为之,这样小牛就不再是反刍动物,因为反刍动物肉色深。以上两种动物都渴望吃到干草。

1962 年 12 月 22 日的《兽医记录》上登载了一封信,从生理学角度解释了这种渴望的原因。信的作者是康普顿市(Compton)的皇家兽医协会会员布朗利(Brownlee)先生:

瘤胃"渴望"填满,其指征有:

(a) 全奶饲喂的小牛啃褥草,甚至也啃食根本不好吃的草炭垫草,这些垫草材料在瘤胃里出现的量较大;

（b）没铺任何垫草的 27 头小牛在饲喂了 12 周的配合奶日粮后，其瘤胃里都出现了毛发球（未记录的观察）——我推测这些毛发球显示瘤胃在主动保留毛发；

（c）瘤胃在饥饿状态时不清空内容物（科林[Colin]，1871）。

布朗利先生接着给出了他的初步结论：

……（a）当粗饲料供给充足时，任何浓缩饲料通过瘤胃都会相对快一些；

（b）当粗饲料供给不充足时，瘤胃对填充感的"渴望"会造成一定量的浓缩饲料滞留，进而导致发酵过度，ph 值下降……

另一位兽医给出的解释是："尽管未经证实，摄入食物中毒素的累积可能造成了肝损害。肝脏当然是血液的滤床，任何吸收入血的毒素都要集中到肝脏并引发脂肪变性。"

一般认为，但尚未证实，大麦小菜牛失明的致因是浓缩配合饲料中缺乏维生素 A。剑桥大学兽医临床系（Cambridge University Department of Veterinary Clinical Studies）的四位兽医在对牛维生素 A 缺乏症进行研究以后，提出以下意见：

我们虽然十分清楚，但仍然感到吃惊，许多增重配合饲料里没有添加维生素 A。有证据显示，育肥动物生长速度越快，对这种维生素，也可能包括其他维生素的需求量越大。（《兽医记录》，1963 年 1 月 26 日）

小肉牛代用奶中极度缺少维生素 A 的原因，目前我还没有找到。英国兽医协会发布的一本小册子《犊牛的饲养与疾病》（*The Husbandry and Diseases of Calves*）上说，犊牛每日至少需要 5000 个国际单位，而英国代用奶成分分析结果显示，仅含 1300 个国际单位，而荷兰代用奶含量更低，仅有 200 个国际单位。这种维生素具有抗感染功能，已证明缺了它可造成失明。而饲料中添加这种维生素的成本非常低。但是,到底为什么添加那么少呢?

农业部长却说,任何对动物的虐待行为都由1911年的《动物保护法》全面覆盖了。

小肉牛代用奶配置的目的就是诱发犊牛白血病。农业部已经承认,屠宰时犊牛的血红蛋白水平在每100毫升5—7克之间,而正常值为每100毫升约12克。化验结果显示,犊牛出现了严重的贫血。用刻意设计致其患病的饲料来饲养动物,这种行为为何得不到惩处呢?为什么构不成《动物保护法》中的致使动物遭受痛苦的不作为行为呢?毫无疑问的是,渴望粗饲料是犊牛的生理需要,故意扣下充足的铁供应造成了犊牛极度渴求铁,以至于如不绑紧犊牛,它就会舔食自己的尿液,故意阻止小肉牛反刍,妨碍其正常发育,引发其生理异常改变——毫无疑问的是,我们必须承认,当我们这样对待动物时,动物已经遭受了痛苦。

但是,农业部长却说,任何对动物的虐待行为都由1911年的《动物保护法》全面覆盖了。

面对现实并承认动物正在遭受更无声、更隐蔽的痛苦,其痛苦已达到1911年动物保护法的制定者们不大可能设想出的程度,现在我们到了做出以上两件事情的时候了。致使动物失去健康,单单是为了生产出一种淡色肉,而唯有这种属性才能满足势利眼一族的面子要求,这种做法在我看来,就是我们人类突破道德底线对动物世界的主宰行为。小牛肉生产者们对于虐待动物的话题,坐立议谈,少有能及,他们甚至坦承,他们采用的某些方法确实不人道,但是,他们的说辞——他们只不过在做生产公众所需要的——则薄如蝉翼,不堪一击。民智未启,尚需引导,但我们不能再一味迎合,误导大众。对那些折磨动物取乐的无知问题儿童,我们可依法惩处。现在也该到试用同样的法律来制止那些为了其肉能刺激舌尖味蕾而虐待动物的人的时候了。

小肉牛养殖中不常提到的另一个不作为就是供水不足。前面已经讲过,为了让动物饥渴难忍,以便喝进去异常容量的代用奶,就是在热浪滚滚的夏日也不给小牛供水。因为小牛饮用了超量代用奶后会出汗，然后又会饥渴难忍，下次吃料时又会摄入异常量的代用奶。对于急于让动物迅速肥育的生产者来说，这一招可以说是绝妙无比，可是对动物来说，却毫无高妙可谈。在闷热的夏日，故意断水肯定会使之遭受不必要的痛苦。但是，农业部长却说，任何对动物的虐待行为都由 1911年的《动物保护法》全面覆盖了。不仅如此，完全缺乏运动会使小牛换上胃气胀的病。布茨农场（Boots' Farms）的威廉姆斯（Williams）先生解释了其中的原因（《农夫与养殖者》。1962 年 1 月 30 日）：

> 陪伴与运动对犊牛来说大有好处。"它们有必要来一个疯狂驰骋，一骑绝尘。"威廉姆斯先生坚持己见。他的实践就是当犊牛开始吃干料时，就在一个大牛棚里溜牛。干料一下肚，瘤胃内发酵旋即启动，可是，牛一撒欢，肚子的气就溜出来了。

实际上，小肉牛单元的唯一一件很有人道味的事就是栏舍温度不低。否则，对小肉牛来说，他短暂的一生就是更加极其难忍、极不舒服的磨难。

犊牛受不了栓缚，而且拴脖子的那根链子短到回不了头的地步。这种做法现已蔓延到菜牛养殖业。菜牛没有自然躺卧的空间。测量一头十日龄呈半月形正常躺卧的犊牛，发现其满占满算共 22 英寸宽度。现在这些犊牛就配给 22 英寸宽的空间，一直委屈到 12—14 周龄。雪上加霜的是，他们的增肥是异常的，因此一般重于正常同龄牛。小肉牛不得不适应这种栓缚式饲养，它们不能随意伸腿，只能把蹄子夹持在栏隔之间。

但是，农业部长却说，任何对动物的虐待行为都由 1911 年的《动物保护法》全面覆盖了。

从来也不给犊牛沐浴、洗刷身体，因为这要浪费钱。对犊牛来说，这不但是不舒服的来源之一，而且蚊蝇蜂拥而至，绕尾巴嗡嗡作响，在身上作乱，奇痒难忍，而它们又没办法摆尾驱赶，这也是不舒服的另一个来源。

最后还有,仍然还有些犊牛关在全暗或昏暗的栏舍中,在实体侧壁的牛舍里,因此丧失了对它们的幸福安康不可或缺的畜群感。这里有必要强调一下,本书中所有小肉牛的照片都不可避免地是在灯光下拍摄的。因此,这些照片不能真实再现小肉牛们在短暂的一生中所经历的冷漠与痛苦。只有它们的肿眼突睛才向人们讲述着它们的痛苦和衰弱。

1960 年 7 月 28 日的《农业快报》刊登了其科学顾问约翰·哈蒙德(John Hammond)爵士对荷兰小肉牛生活的奇怪的印象:

> ……在这种密养系统中,它们度过了为期 12 周的豪华的、营养充足的生活,换一种方式,它们可能不会这样喜欢。它们躺卧着,一饱口福,长肉,保持快活状态。

但是,约翰·哈蒙德爵士的开场白却是白描真情实景:

> 犊牛养在黑暗之中,不得运动,吃着缺铁饲料,为了产出白肉。

很有意思的是,作为小肉牛生产发祥地的荷兰多年来一直有来自本国动物福利协会的代表参政议政,因此,最后于 1961 年 9 月,通过了立法,确保提供如下条件:

(a) 在日出日落之间,在所给空间内,其曙暮光度应能呈现动物与其周围环境明显区别,而且,

(b) 其空间大小应足以使任何动物无障碍地两侧躺卧,无障碍地站立,站立时能无障碍地摇头、回头。

我就此请教过荷兰农业参赞,这些新规是否明示了新牛栏的具体尺寸,他回答说:

> 虐待动物预防方面的新法并未提供犊牛牛栏的强制性规格,但是该法确实表述了犊牛必须能够两侧自由躺卧的要求。农场建筑研究所(The Institute for Agricultural Farm Buildings)确实也建议人们建造牛舍时宽度要达到 60 厘米(24 英寸)、长度要达到

1.5 米(约 5 英尺),后部 0.5 米(1.5 英尺)不分区,各区高度 1 米(约 3 英尺)。

猪

在拥挤的猪圈里高密度地养猪,没有褥草,没有或几乎没有光线,没有排粪区,猪通常从地面上取食,这种处境本来已经非常凄凉,再一想到猪是本性爱清洁,活泼,颇有智力的动物,这种形势就显得更加严峻。

常有人指出,家猪的祖先是一种热带物种,因此,本应该对原始森林常态——黑暗与潮湿——的适应能力更强。然而,克劳德·米勒(Claud Miller)在 1963 年 6 月的《动物生活》(*Animal Life*)上提出了一个更为可能的估测:

> 不仅如此,今天的所有家猪都可能是欧亚大陆上的一种野猪(Sus scrofa)的后裔。

这就意味着我们的家猪具有适应热带气候的遗传本能,而这种遗传特质又经过数百年的驯化不断得到了强化。

克劳德·米勒解释说,猪喜欢在泥里打滚并不是因为猪生性肮脏,远非如此,而是因为:

> ……猪的汗腺不发达,还有,猪全身包裹着的厚厚的一层脂肪起到了隔热作用,干扰了猪身体内部与周围大气的温度传播。
>
> 所以,在热天里,猪难于把血液温度降到舒适程度,于是,他们就寻找阴凉地、通风处,要是这样还不起作用,如果附近有泥坑,他们便在里面打滚,把自己的身体打湿。

换句话说,脏猪提示饲养员没给猪提供阴凉。

"囚室"式的猪圈根本没有考虑到猪的生理构造。密实的绝缘层,成堆的猪,没有安装强制通风系统,猪圈内温度很容易保持在 80 华氏度,相对湿度高达 90%—96%。"后一数字意味着猪圈内相当于一直在下雨。"1962 年 3 月 13 日的《农夫与养殖者增刊》上的一篇文章接着又描写了猪圈内的空气：

> 酷热难耐，让人喘不过气来；地面湿乎乎的，沾满了屎尿；墙壁和屋顶往下淌着、滴着水汽凝结的水滴；到处长满了黑霉和真菌。

可想而知，猪的汗腺不发达，不能散发多余的体热，因此猪在这样的猪圈里生活一定是极不舒服，非常难受的。的确，我们看到的所有猪的照片都是同样的景象：密密的、一堆堆的猪懒懒地躺在地面上。这篇文章还说，猪的痛苦更实际的证据是"热猪圈里的猪常在躺卧区大小便，有时甚至在料槽里方便"。

但是，农业部长却说，任何对动物的虐待行为都由1911年的《动物保护法》全面覆盖了。

遗憾的是，猪确实活下来了，而且还增加了体重，尽管它们因为进食少了一些而增重速度也下降了。《农夫与养殖者》的那篇文章讲述了在一个养殖单元里，"生产如何超出了所有人的预期"，接着给出了猪为何没有被疾病压倒的一个原因：

> ……猪的密度越高，地面产热量就越大，因为热气上升，从通气口流出，因此，通风率也就随之更高。最后，每小时空气变化的次数增加也就减少了猪圈内细菌的数量。
>
> 空气湿度高也是一个原因。湿气有降尘作用，随之降下去的包括尘媒细菌。就这样，许多健康的敌人或被驱走或被"打翻"到地面。

这个理论是由北爱尔兰农业部兽医局(Northern Ireland Ministry of Agriculture Veterinary Department)的戈登博士基于对该系统的仔细研究提出来的，剑桥大学兽医学院(Cambridge University Veterinary School)塞恩思伯里博士也讨论了这一理论。

我们仍需发现使用这些方法所产生的长期效应。同时，据说这些方法能为生产者赚钱，因此，它们的人气越来越旺，现已从其发端地北爱尔兰远播到英格兰诸地。

在我把猪的问题暂时放下之前，我还是想在这里提一提由一家饲料公司的猪总监所做的一项微型研究。他先是录制了一只老母猪召唤她的猪仔过来吸奶的哼哼声的音频，然后夜里给猪崽播放，他骄傲地发现，这些猪崽吸奶比平时次数多，增重比原来快。

我谈到了一些动物所遭受的虐待的情况。但是，集约化饲养的实施范围太大了。只要动物的唯一功能定格为"转料变肉"，那么，它们就不能幸免于非人道的折磨：过度拥挤，缺乏运动，孤独无聊，暗无天日，铁丝网格，等等。此规律已被视为天经地义。

最后，我还是想说一说动物们马上就要面临的可导致巨大隐患的趋势——农场五天工作日即将来临。1961 年 8 月 10 日的《农业快报》报道了一家已经实施了该工作日制的农场的情况：

> 现在，3 万只蛋鸡，8000 只鸡雏，3500 只种鸡……从周六中午到周一早晨之间的饲养管理岗位出现空人现象。因为所有员工每周只需工作五天或五天半。

1961 年 4 月 4 日的《农夫与养殖者》报道说：

> 每周五天制的牛肉生产概念是由罗维特研究所的 T. R. 普雷斯顿（T. R. Preston）博士倡议的……他给我们勾画了一家巨无霸肉牛工厂：定时开关自动控制料斗供给牛以浓缩饲料，省却了周末的人工工时。

如果机械装置出故障了会发生什么？如果某个动物周五晚上病倒了怎么办？它可以强忍极大痛苦一直挺到周一早上？把动物，尤其是处于刚才说的那种状态的动物，丢下不管长达三天两夜，这和把一个孩子，即便那孩子可能吃饱喝足了，扔下不管也是这么长时间相比，不同样都是不道德的行为吗？这个动议需要慎重考量，不要等到它不断深入和普及，跟业内其他花式名堂一同已经成为养殖业的标配。

1961 年，约翰·达戴尔（John Dugdale）先生，在伯登（Burden）先生、安东尼·格林伍德（Anthony Greenwood）先生、金（King）博士、托马斯·摩尔（Thomas Moore）爵士、莫伊尔（Moyle）先生和罗素

(Russell)先生附议下,提交了一份非内阁议员提案(Private Members' Bill),题为"动物(食品生产集约法控制)提案"(Animals[Control of Intensified Methods of Food Production]Bill)。旨在"授权农业、渔业与粮食部部长(Minister of Agriculture, Fisheries and Food)和苏格兰国务大臣去制定法规,以便保障食品生产用途动物的舍内饲养与其屠宰加工的相关条件与做法符合人道主义要求,并实现与之相关的目的。"该提案并未得到政府支持,第二次听证会从未举行过,打那以后听证会的努力从来没有成功过。

R·特罗-史密斯在 1960 年 9 月 13 日的《农夫与养殖者》上说:

> ……养殖业如跷跷板,在这头给人道原则稍稍松松绑,给非人道做法略微放行,而那一头立马就会多得点蝇头小利。干这一行的,内心皆深谙此道,想不这么干都难。这一点无需脑补。

第十章 结论

　　工厂化养殖的反对意见主要基于人道主义与食品质量的理由。力挺工厂化养殖的意见,实际上,都是出于经济上的考虑。我们不必为此自我折磨。我们的现实社会充满经济上的考量与社会效果的顾及之间的冲突。从第一部工厂化养殖的立法出台后,事实就是如此。我们的立法中,出于人道主义考量阻止人们使用最廉价的生产方法的案例俯拾即是。所以意欲向抵制工厂化养殖的明显人道主义理由公开叫板,我们有必要先探讨一下支持者的经济学方面的论据。

　　这些论据有两种形式:一种是工厂化养殖业成本更低,这就意味着经济效益必定更高。另一种是世界需要更多的食物,而此种生产方式是提高产量的最佳方式。

　　下面我们逐一考察这两个论据。让我们根据个体厂家的情况,先看一看经济上的论据。

　　劳动力供给匮乏,成本也高,而集约化生产最充分利用现有劳动力,由此成本降到了最低。建筑成本较高,因此,在现有畜舍尽可能容纳下更多的动物。

　　在叠笼养蛋鸡一章里,我引用的数据显示,鸡舍与格子笼设备两项合一的资金成本只占总产蛋成本的 8%。当然,该成本计算的养鸡设备属高档、高价、豪华型,因此,若采用简易型房舍设备,其成本占总成本的比例肯定还不到 8%。

每一种畜禽的可比成本数据均可算出。以猪为例,下表中的成本数据引自 1962 年 3 月 13 日的《农夫与养殖者》。

70 磅断奶仔猪购买成本	£7	15s.	0d.	60.8%		—%
饲料		10s.	0d.	36.0		91.6
劳动力	£4	3s.	4d.	1.3		3.5
畜舍		3s.	4d.	1.3		3.5
杂项开支		1s.	6d.	0.6		1.4
	£12	13s.	2d.	100.0		100.0
猪销售均价	£16	10s.	0d.			
猪均利润	£3	16s.	10d.			

(£=英镑; s.=先令[旧制];d.=便士[旧制])

跟蛋鸡成本相比,以上这些成本数据更加雷人。养猪单元运行资金成本中,猪舍成本所占比例只有 1.3%。整个养猪设施的运行成本,刨除按各自的比例承担各自支出的入栏断奶仔猪购买成本,建筑成本只占 3.5%。在猪均利润中,它只占 4.3%。

建筑成本:£1 /ft.² £2/ft.² £3 /ft.²

猪均成本分摊:

$3\frac{1}{2}$ ft.²/只 £3 10s. 0d. £7 0s. 0d. £10 10s. 0d.

5 ft.²/只 £5 0s. 0d. £10 0s. 0d. £15 0s. 0d.

10ft.²/只 £10 0s. 0d. £20 0s. 0d. £30 0s. 0d.

(£=英镑; s.=先令[旧制];d.=便士[旧制])

50 只猪 12 年半建筑存在期内的总产量
猪均成本

$3\frac{1}{2}$ ft.² 1.4/— 2.8/— 4.2/—

5 ft.² 2/— 4/— 6/—

10 ft² 4/— 8/— 12/—

100 只猪 25 年建筑存在期内的总产量

猪均成本

$3\frac{1}{2}$ ft.^{2}	0.7/—	1.4/—	2.1/—
5 ft.^{2}	1/—	2/—	3/—
10 ft.^{2}	2/—	4/—	6/—

让我们先发制人，换一种求解方式，避免以上数据的真实性受到质疑。

这些数字还要加上资本利益和维修费，但是，这两项加在一起也不会超过以上成本的 10%。

造猪圈每平方英尺要支付 3 英镑，这属于高价了。目前本国造中小学教学楼成本不过每平方英尺 4 英镑。而花费每平方英尺 2 英镑10 先令，我们都能给自己造私宅了。第一和第二栏内的数据则更加真实。

这些数据证实了前面例证的真实性，并清楚说明了提高养殖密度，比如说，从 10 平方英尺降到 5 平方英尺，尤其是将 5 平方英尺再降到3—1 每平方英尺，就可提高整体经济效益，但是，考虑到生产的总成本，除了每平方英尺 3 英镑的建筑成本以外，要在突显意义的 12 年半的短期内摊销成本，那么该效益，就本身而言，就是十分微弱的了。

这组成本数据中最受公众瞩目的一项就是它们之间的劳动力成本与畜舍成本均属饲养成本中的次项。因此，目前尚无经济上切实可行的理由来为不合理的高密度舍养开脱。呈压倒性态势的仍然是饲料成本，即畜禽饲养管理的最大成本。

至于劳动力，必须强调指出的是，目前降低劳动力成本的研究重点仍然集中于室内养殖集约化上。试问，投入精力研究一下更自然的畜禽养殖法，并取得结果，以供比较，不正是博大精深、巧思独创的科学所力所能及之事吗？目前几乎没有任何证据显示人们已经开始对户外养殖中劳动节约问题进行研究。

下面让我们举例说明。户内饲养专设的最大省力系统就是自动供料供水系统,这一系统稍加改装完全可以用于户外养殖。不仅如此,越来越多的证据显示,该系统在人们印象中省下的劳动力其实都消耗在了密养带来的其他繁琐环节上。例如,鸡场里少不了耗时费劲的断喙、接二连三的接种疫苗等等操作;集约养殖的动物发病率高,这就意味着兽医与相关人员要花更多精力来扑灭疫情,祛病除疾,补虚强体。如果集约化养殖所有辅助性服务的成本都算进去,那么,涉及畜舍建筑、机械设备、饲料、药物等等生产过程中的劳动力含量很可能已经超过所节省下来的农业性劳动力。人们不禁要问,通过改变农业工人的劳动性质、提高他们地位的方法来解决劳动力短缺的问题是不是真正降低了成本呢?

在这个国家里,集约化畜禽饲养的总体经济理由似应该这样表述:我们不过是小岛国,人多地少,难于养活国人。因此,我们必须利用现有土地资源来尽可能生产出更多的粮食与其他食品。用这些动物养殖的新方法,我们可以大大提高产量,但是,动物就得因此脱离土地,并喂以必要的进口饲料。腾出来的土地可以挪为耕地,专用于作物栽培,这样,我们的总体食物生产量就得到了提高。

整个论据的合理性依赖于我们是否头现了畜禽养殖腾出来的土地得到同等高效再利用。在这片让出来的土地上正在生产什么?

然而,上述论据中所暗含的自给自足的狭隘观念已经过时,维持自给自足的生产每年所需补贴额度已高达 3.4 亿英镑。这种模式的保持既代价昂贵,又不靠谱,不足取。那就意味着,我们生产的越多,我们支付的也越多。在经济学上更好的做法是进口更廉价的食品,用自己其他产品的出口换汇再来支付进口商品的货款,而不是倾情打造一种靠补贴增产的产业。

与国民不包括进口食品如水果的食品账单相比,农业补贴额已经高达人均每周 2 先令(旧制)6 便士(旧制),相当于普通家庭每周约 10

先令(旧制)。

补贴是一种慈善措施。如果它必须完全到位,以造福国家,最终造福每一个国民,那么,它就可以到位。但是,我们已经发现,人们正在滥用补贴来支持垃圾食品生产,其做法缺乏深谋远虑,其心态短视近利。当然,我们的土地资源越少,集中精力利用有限资源生产出最大量的优质食品则越重要。我们承担不起浪费现有生产能力去生产劣势食品的代价,我们必须保障我们生产的每一份食品都是放心食品。因此,农业补贴的整体根据与标准要重新加以评估,以激励产品的质量,而不是好坏不分的数量。

目前该行业可能感到他们的所作所为,于法有据,于理应当,因为他们生产的产品公众看得见,摸得着。自动烤肉器,炸小牛肉排,价格亲民、大量供应的鸡肉与鸡蛋。不知就里的公众已经享受到这些产品增长的福利。每周人均消费鸡蛋已从 1950 年的 3.46 枚上升到 1960 年的 4.64 枚, 每周人均消费家禽肉已从 1950 年的 0.35 盎司增加到 1960 年的 1.68 盎司 。我们确实成了世界上吃得满嘴流油的国家之一了。但是,如果我们吃的都是劣质食品,那吃的东西再多又有什么好处呢?

"我们已把鸡肉价格从 15 先令(旧制)降到了 8 先令(旧制)6 便士(旧制)", 业内人士不断地给我们洗脑。我们能断定肉价真的降下来了吗? 普通消费者是看不出破绽的,但事实上,肉的营养打折了。

本国最大的惠农政策就是全面取消饲料配额制。直到最近,工厂化农民们想当然地认为此政策也会惠及他们本身。哪知节外生枝,地方政府不知何时茅塞顿开,开始认清一个事实,工厂化农场实属工业界相关实体,认识到他们正在丧失他们依据 1928 年《饲料配额与分摊法案》(*Rating and Valuation* [*Apportionment*] *Act*)而减免配额的权利,该法允许涉农用途建筑物(如谷仓或机械库房)豁免限额。农场动物从未涉足农场大院、大地,靠加工食品饲养动物,甚至其粪便也不还田:此种工业化农场不视为农业实践,其占地也非农地,因此,应与其他工厂厂房设施一同受限于本法规定之配额。

在化肥补贴问题上,工厂化养殖模式似乎使我们进入了荒唐模式。我们每年进口价值 2000 万英镑的化肥,而投入的补贴却高达 3500 万英镑。与此同时,集约化养殖法又把农家肥料全部倒入公共下水道,结果地方政府不得不征收一大笔费用来支付粪便无用化处理的费用。有人说,一只母鸡一年可产出一英担的鸡粪,而一英亩上一吨的鸡粪肥就足以满足土壤营养需要。一英亩地的施肥量只需 20 只鸡的鸡粪即可够用。1962 年 7 月 19 日的《家禽世界》上的一封信说得再好不过:

> 这封信的主题是家禽粪肥问题,更确切地说,是家禽污物处理问题:深坑、沟壑、城市垃圾堆,还有各种各样的焚化手段。甚至有报道说,污水处理厂曾被鸡粪阻塞住好几次。
>
> 真是令人匪疑所思——但是,这种"废物"是人们想得到的最有价值的农家肥料啊!
>
> 去年我把蛋鸡格子笼增加了两倍。当时,我在机械清洗设备接收端的墙上开了个孔,以便导向一个两舱粪便棚。当两个舱满了的时候,我就用常用的拖拉机牵引的播粪机把它们撒到我的牧场上。
>
> 结果令人惊喜。同样面积的牧场,放养的牛又增加了原来数量的 70%。奶牛均产奶量也上去了,干草作物产量也翻翻了。奶牛一般要避开牛粪区,等到粪便被时间和霜冻风化掉后再来。但是,鸡粪把地面弄"甜"了,于是哪里有鸡粪,哪里就有奶牛们。
>
> 干草差不多收割完了。产量不但差不多是去年的两倍,而且它们也根本不在乎这个地区的严重干旱。
>
> 我把这个话题多次带到农民大会上,每次都听到人们矫情地说:"我们不想碰那一堆堆臭烘烘的东西。"
>
> 如果要找什么真实合理的偏爱理由的话,那么,我要说,鸡粪是有机肥,不是化肥。

　　我甚至会提出这样的建议,那就是:除非农民们自己能证明鸡粪限于地理屏障不可获取,否则,禁止农民使用补贴生产的化肥。这样做给养鸡户带来的益处是巨大的,从此不用再为费钱的清粪工作烦心,相反,慢慢地,会变废为宝,昔日负债之物,是今日来钱之道。

　　我最近跟我的农场承包人就这个问题聊了几句。他是一位中等阶层营收效率高的多种经营农场主。他说:"我养了很多只鸡,只要我不赔不赚,我就继续,因为我要的是鸡粪,用来增肥我的地。"

现将以上讨论可归结为经济学的论据,小结如下:

如果集约化养殖法生产的食品更便宜,如果终产品与传统畜养殖法一样好,那么,我们就有理由相信和支持集约化养殖法。但是,因其终产品质量差,其经济上的论据就失去了效力。

现在让我们谈一谈本章开头提到的第二种思想。集约化动物饲养的目的是提高我们消费的食品的动物性蛋白质含量,满足不断增长的人口需求。在西方世界,这个论据已经苍白无力,因为营养学家们总的来说已经形成共识:目前动物源食物能量摄入过多。业内的一些踌躇满志的支持者们认为,这些方法在一定程度上有助于解决不发达国家的粮食问题。当今世界人口30亿,到了本世纪末有望翻一翻。根据联合国调查统计,到那时,总人口中将有13.52亿人生活在高卡路里国家,目前总人口中有50.89亿人生活在低卡路里国家。帮助低卡路里或不发达国家人民吃饱饭的责任义不容辞地落在了更加富裕、科技更加先进的西方国家肩上。

尽管,在可行的情况下,人们发现,可将西方为确保产品价格稳定而从市场上撤下来的富余粮食与其他食品发送到不发达国家,作为一种权宜之计。但是,这种做法难受待见,因其不是长久之计。1962年的世界家禽大会与会人员认识到长期将多余的鸡肉与鸡蛋处理给东方

国家这种概念在经济学上站不住脚。对此,《家禽世界》做了如下报道:

> 很明显,大部分代表都认为,把生产过剩国家的盈余粮食与其他食品倒买倒卖到饱受食物匮乏之苦的国家,只不过是"三杯通大道"式的安慰疗法,其价值可疑。

> 除了货款支付问题之外,用来自这一计划的鸡肉鸡蛋来解决这些国家的问题明显是杯水车薪,无济于事。正如一些代表指出的那样,英国蛋产量增加5%,也刚好保证中国一人一年一蛋。

> 除此而外,如果主要禽业国家都把这种扶贫工作纳入其生产转向之一,那么不发达国家最终产能的提高都会使前者自挖其坑,陷入经济混乱之中。

> 回顾一下英国鸡蛋进口量只增加0.5%就给英国市场的鸡蛋价格造成巨大影响的这个问题,我们会发现,此点无需强调。
> (1962年8月16日)

世界粮食问题的紧迫性和严重程度使其急需猛药重治,即用现有最快、最经济的手段来解决。每英亩能产植物蛋白量一般是能产动物蛋白量的五到十倍。专家们十分清楚,这只是解决问题的第一个方案。最终,我们给营养供应不足人群所能提供的最佳帮助就是帮助他们学会自助,提高他们所拥有的自然资源的规模与生产效率,教他们如何善用资源,为其所用。你可能会感到这简直就是瘸子牵着瞎子走路。我们希望他们一定要谨慎小心,要避免重复西方这种极其浪费的方法——首先,大部分天然营养在食品加工中流失了,然后再往里面塞入添加剂,而这些添加剂很少经过彻底的安全监测——这种方法应视为前车之鉴。

在维生素B被发现70年后的今天,正如我们西方仍然需要教育各族人民,让他们晓得白面包是营养弱化了的食品一样,联合国"粮农组织"(FAO)仍然在努力教育东方国家各民族,让他们知道比未碾糙米更能显示社会优越感的精加工白大米是根本不优越的,因为其中的维生素 B₁ 被研磨掉了,从而成为了脚气病的元凶。

蛋白质缺乏比维生素缺乏的情况更为严重,在东方国家造成了极其惨烈的后果,导致一种叫夸希奥科病(恶性营养不良病)患儿的死亡率增高。儿童在其弟弟或妹妹出生后易患此症。现在已经开发出了利用蔬菜与种子制作奶制品的技术,既很实用,也很科学。但是要解决婴儿脱离娘怀抱以后挨饿这个令人痛心的问题,还有很长的路要走。另一种手段,也是最大限度地利用自然资源,是由英国洛桑实验站(Rothamsted Experimental Station)皇家学会研究员(Fellowship of the Royal Society)N. W. 皮里(N. W. Pirie)开发的(见参考书目)。开发的是一种叶子蛋白,在印度等地区正在加以加工利用。整个过程等于实现了废物利用。就像皮里先生所说,提取过油的籽渣,"若经适当保留与分配,可以满足世界上三分之一的蛋白质营养需求"。

《金融时报》做过一项"科学与食品"(Science and Food)的调研。根据调研,该刊于 1962 年 9 月 19 日列举了迄今为止尚未得到充分探索的一些食品例证:

酵母和某些藻类就是其中两例。两种都可食用,并含有高蛋白。此外,其栽培速度也快。200 吨具有食物营养价值的酵母,其蛋白含量相当于 500 头小公牛的肉,一家大型食品厂一周即可生产出来⋯⋯

里奇·考尔德(Richie Calder)在《星期日泰晤士报》(*The Sunday Times*)(1963 年 3 月 17 日)上说过:

人类要提高产量,可将沙漠变绿洲,在不适合耕作的地区种植作物,在占地球表面十分之七的海洋上搞栽培养殖,但所有这一切都需要集中全人类智慧,集中全人类努力,共同攻关。甚至不用求助于科学的最新创新或某种不可预见的新突破,所有这一切都有可能。

建议

我早已经给农补划过重点:应重在质量,不在数量。可以启动实施进一步的措施保护人类与动物,使其免受本书所讨论的不可取做法所带来的危害。

1. 目前添加剂对健康的影响尚未得到彻底测试和理解,因此,从土壤到餐桌要始终确保我们的食物免受这类添加剂的侵害。

2. 须向消费者提供食品信息,以便其对食物做出选择。

3. 对食品的真实品质重新评估。

要实施第一条措施,我国需要设立与"美国德莱尼委员会"(American Delaney Committee)对应的机构。比克内尔指出,"在我国或国外,现有意添加在食品中的外来化学物质约有1000种。该数字仍在持续增长。除了少数例外,几乎所有食品添加剂都是在未告知消费者或卫生部门的情况下使用的,同时,也没有事先做过毒性检测或多年连续摄入后对健康的影响的研究"。因此,该委员会的唯一功能就是研究所有的添加剂,确保我们所食食品不受那些其副作用尚未得到彻底测试或理解的化学物质的损害。除了新成立的"消费者理事会"(Consumer Council)以外,该委员会的成立似乎是十分必要的。因为那个理事会的参照框架过于宽泛,不大可能切实有效地满足相关具体问题的穷尽性、彻底性要求,以及除了上述问题之外其他相关要求。只要被授予足够的权利,通过消费者理事会的分委员会来实施该应对措施,也就显得更方便、更理顺。

第二项应对措施的实施需要重新立法。我国现已有立法要求公开销售的专利药品的成份。该种信息公开必须拓宽到涵盖食品。在美国,所有成份都必须在食品包装或罐子的标签上标明。在德国,这种覆盖则更加无所不包。1961年春天,德国下议院(Bundestag)全体女议员联名发起建议,使得食品中非营养性添加剂与残杂物的强迫性标识的法规得以通过。当时,全西德各地都拉起了横幅"标签上的真相"(The Truth on the Label)。在此运动推动下,奶油与奶酪中色素信息公开了,苹果树上的喷雾剂信息也公开了,罐头蔬菜不可上色了,甚至餐馆也不得不在菜单上公布上色与调味制剂的信息了。这些立法给零售商与餐馆添了不少麻烦,其结果是,天然种植食品倍受追捧,新鲜的味酱与香料须现场调制,以省却添加那些必须披露信息的添加剂。也许这就是我们作为消费者应该享有的权利之一,即明明白白自己知道吃的是什么。如果我们必须承担风险,那么,我们就应该有选择的权利。其实,根本不是这么回事。英国禽蛋销售委员会(Egg Marketing Board)一直抱怨说,区分草鸡蛋和洋鸡蛋,实在费时劳神。屠宰户也搞不清楚哪些肉是集约化养的,哪些是激素添加料养的。

第三项应对措施不是立法问题,而是教育问题。这是问题的根本所在。如果我们的营养价值知识积累充分,普及到位,那么,头两项这种治标不治本的姑息措施就几乎显得有点多余了。

保护动物免受集约化饲养法影响的第一要求就是出台一部全新的《动物保护法》。《达格代尔先生法案》(Mr Dugdale's Bil)力图控制饲养条件,但是,在我看来,这部法案无意突围,而含义多有安于现状之意。最近荷兰制订的小肉牛保护措施也因视极端养殖方法为既成事实之故而功亏一篑。

书写动物福利的新的一章,我愿意看到下面的内容:

1. 全面禁止叠笼养蛋鸡。

2. 全面禁止小牛肉生产的现行集约化方法。这两种方法既没必要,又令人生厌。

在本国禁止这两种鸡蛋与小牛肉生产方法必须配合以禁止进口用相应方法生产的鸡蛋与小牛肉。在本国禁止,但却通过进口支持在其他地方使用同样方法,这是一种十分不好的暗示,一种十分套路的姿态。

3. 我想要看到禁止用营养缺乏的饲料饲养动物的详细法律规定的设立。这样就会使特制用于引起贫血(如小肉牛)或可能导致大麦小菜牛失明的饲料生产与使用得到有效遏制。

4. 禁止永久性拴缚动物。

5. 板条栏舍与地面应该禁用。

6. 暗养或无照明饲养动物应该禁止。这是饲养管理一塌糊涂的标志,如果动物对条件还是非常满意的,那么,这种操作毫无必要。

光靠立法是不能充分保障动物能享有一个保障它们权益的宪章的。我们必须重新考量饲养动物的唯一目的就是服务于人类利益的态度。这里现实又一次告诉我们,教育需要贯穿于我们社会生活的各个层面,各个环节。

在农场动物世界里,一切皆大欢喜,人们对此确信无疑,过去如此,将来也是如此。时下,在许多领域里,当集约化养殖的压力重重地压在我们肩上的时候,专业技术人员和给我们打气的官员们永远与我们同在。他们给我们吃上了定心丸——集约化饲养中不会再出现虐待;我们会被洗脑而放心——如果有情况出现,1911 年的《动物保护法》会出面干预。我们会被带入一个信念——养殖业的产品比过去质量更好,更富营养。人们会跟我们说,我们是地球上吃得最好的民族,我们一天比一天吃得更好。他们认为这一切都事出有因,且一"罪"可归于数因:内心还是有点怀疑一切并不是皆大欢喜的人明显是少数,且他们是屈附时尚的人;还有,那些对此话题持有极端想法的都是怒火攻心的人。他们安抚人心的工具是强大无比的。平淡无味的面孔在电视荧光屏上不断露面,他们都具有很有份量的资质,都面带息事宁人的微笑,都铺天盖地地用陈辞滥调,就任何可能加剧不安情绪的侧面,给人民加油鼓气。针对此点,我只能依我所见,摆出事实,让我的读者来评说,来归纳出自己的结论。

参考书目

书籍

BALFOUR, E.B. *The Living Soil*, Faber and Faber, 1959.[巴尔弗,E. B.《生存的土壤》,法伯尔出版公司. 1959.]

BEDICHEK, R. *Adventures with a Naturalist*, Gollancz.1948.[贝迪彻克,R.《和一个博物学家一起冒险》.格兰兹出版社.1948.]

BICKNELLDR, F. *Chemicals in Food and in Farm Produce*:*Their Harmful Effects*, Faber and Faber. 1960.[比克内尔,F.《食品与农场产品中化学品的有害效应》,法伯尔出版公司.1960.]

BLOUNT, W.P. *Hen Batteries*,*Baillière*, Tindall and Cox. 1951.[布朗特,W.P.《母鸡叠笼养殖》,贝利埃、廷德尔和考克斯出版公司.1951.]

CARSON, R. *Silent Spring*, Hamish Hamilton. 1963.[卡尔森,R.《无声的春天》,哈密什·汉弥尔顿出版公司.1963]

HERBER, L. *Our Synthetic Environment*, Jonathan Cape. 1963.[赫贝尔,L.《我们的人造环境》,乔纳森·凯普出版社.1963.]

JENKS, J.*The Stuff Man's Made Of*, Faber and Faber. 1959.[詹克斯, J.《构成人类的材料》,法伯尔出版公司.1959.]

KING, J.O.L. *Veterinary Dietetics*, *A Manual of Nutrition in Relation to Disease in Animals*, Baillière, Tindall and Cox. 1961.[金,J.O.L.《兽医营养学——

动物疾病营养手册》,贝利埃、廷德尔和考克斯出版公司.1961.]

LINTON, R. G. & WILLIAMSON, G. *Animal Nutrition and Veterinary Dietetics*, W. Green and Son Ltd.. 1943.[林顿,R.G. & 威廉姆森 G.《动物营养与兽医营养学》,格林父子有限公司.1961.]

LORENZ, K. *King Solomon's Ring*, Methuen and Co.Ltd.. 1952.[洛伦兹,K.《所罗门王的指环》,梅森出版公司,1952]

MCCARRISON, R. & SINCLAIR H. M. *Nutrition and Health*, Faber and Faber. 1961.[迈克加里森,R. & 辛克莱 H. M.《营养与健康》,法伯尔出版公司,1959.]

MASSINGHAM, H.J. *England and the Farmer*, Batsford. 1941.[马辛厄姆,H.J.《英格兰与农夫》,巴茨福德出版公司.1941.]

PERRIN, M. *Essai de Caracterisation des Viands de Veau Insuffisantes*, Foulon. 1953.[佩兰,M.《牛肉缺乏表征分析》,富隆出版公司.1953.]

PICTON, L.J. *Thoughts on Feeding*, Faber and Faber.[皮克顿,L.J.《关于饲料的思考》,法伯尔出版公司.]

PRICE, W. *Nutrition and Physical Degeneration – A Comparison of Primitive and Modern Diets and their Effects*, The American Academy of Applied Nutrition. Los Angeles. 1950.[普赖斯,W.《营养与身体的退化——原始与现代饮食及其效应的对比》,美国应用营养学学会.1950.]

Rural-Reconstruction Association, *Feeding the Fifty Million*, Hollis and Carter. 1955.[乡村重建协会.《养活五千万》,霍利斯与卡特出版公司.1950.]

Scientific Principles of Feeding Farm Livestock, *Proceedings of a Conference held at Brighton*, 1958, Farmer and Stockbreeder Publications Ltd..1959.[农场畜禽饲养的科学原理,《布莱顿大会会议论文集》. 农夫与养殖者出版公司.1959.]

Second Conference on the Health of Executives 1960, *The Chest and Heart Association*.[第二届公司高管健康大会 1960,胸部与心脏协会.]

WICKENDEN, L. *Our Daily Poison*, The Devin-Adair Company. 1956.[威肯登,L.《我们每天都在吃的毒物》,德温·亚岱尔公司.1956.]

WRENCH, G.T. *The Wheel of Health –A Study of a Very Healthy People*. C. W. Daniel Company Ltd., 1946.[伦奇,G.T.《健康之轮——对一个健康种族的

研究》,C. W.丹尼尔有限公司.1956.]

小册子与论文

Royal Institute of Public Health and Hygiene. Papers given at Public Health Conference 1962.[皇家公共卫生与健康研究所.《公共卫生大会 1962 论文集》.]

Soil Association, TheHaughley Experiment 1938 - 1962.[土壤协会.《豪莱实验》1938 - 1962.]

The British Veterinary Association, *The Husbandry and Diseases of Calves*. [英国兽医协会.《畜牧与犊牛病》.]

Proceedings of theVitalstoffe-Zivilisationskrankheiten steht unter dem Protektorat des Wissenschaftlichen Rates der Internationalen Gesellschaft für Nahrungsund Vitalstoff-Forschung.[《国际食品与微量元素研究协会科学委员会保护下的微量元素与文明疾病论文集》.]

Universities Federation for Animal Welfare. Courier. Autumn 1960; and The Scientific Basis of Kindness to Animals, by John R. Baker, 1955.[动物保护大学联合会.信使,1960;善待动物的科学基础,J.R. 贝克.1955]

Freedom from Hunger Campaign, *Third World Food Survey*, *Basic Study No. 11*, *and Malnutrition and Disease*, Basic Study No. 12, World Health Organisation, 1963.[反饥饿运动,第三世界食物普查,基础研究11,营养不良与疾病,基础研究 12, 世界卫生组织.1963.]

Ministry of Agriculture publications, published by HMSO：*Report of the Committee on Fowl Pest Policy*, 1962.[农业部出版物,英国皇家文书局出版：委员会禽瘟政策报告.]

Beef Production, Bulletin No. 178. [牛肉生产,新闻简报 178 号.]

Poultry on the General Farm, Bulletin No. 8. [多种经营农场上的家禽,新闻简报第 8 号.]

Poultry Housing, Bulletin No. 56. [禽舍,新闻简报第 56 号.]

Intensive Poultry Management, Bulletin No. 152. [集约化家禽管理,新闻简报第 152 号.]

Table Chickens, Bulletin No. 168. [餐桌鸡,新闻简报第 168 号.]

Hybrid Chickens, Bulletin No. 180. [杂交鸡,新闻简报第 180 号.]

Rations for Livestock, Bulletin No. 48. [畜禽日粮,新闻简报第 48 号.]

Calf Rearing, Bulletin No. 10. [犊牛饲养,新闻简报第 10 号.]

Experimental Husbandry, Nos. 1, 2, 3, 4, 5, 6.[实验畜牧,第 1, 2, 3, 4, 5, 6 号.]

Experimental Progress Report, 1961.[实验进展报告,1961.]

Incubation and Hatchery Practice, Bulletin No. 148. [孵化与孵化场实践,新闻简报第 148 号.]

Modern Rabbit Keeping, Bulletin No. 50. [现代养兔,新闻简报第 50 号.]

Housing the Pig, Bulletin No. 160. [猪舍管理,新闻简报第 160 号.]

Ministry of Agriculture Advisory Leaflets. [农业部咨询册.]

Poultry World Publication：*Egg Productions in Laying Cages*, *Fundamentals of Nutrition*, Nos. 1 - 8, byDr Frank Wokes and Cyril Vesey, reprinted from Good Health. [家禽世界出版物:笼养鸡蛋生产,营养基本知识,第 1 - 8 号.作者:弗兰克·沃克斯 & 西里尔·韦谢伊,选印自《良好健康》]

DR N. W. PIRIE, *A Biochemical Approach to World Nutrition*. May and Baker Laboratory Bulletin, May 1961. [N.W.皮里博,世界营养的生化途径,梅贝克实验室.1961 年 5 月.]

索　引

本书参考与引用的出版物索引

译后记

——翻译《动物机器》的三难三解

1964 年出版的《动物机器》曾引起广泛的社会关注。哈里森的原著、卡尔森的序言和 2013 年版的书评中,科学精神与人文沉思珠联璧合。如何能让这部直奔现实、直逼时弊的老书再展当年登榜畅销的风采,怎样使几位世界顶尖学者的精辟哲理、句句入心的深度好文同样让我国读者感到值得深读,在翻译此书的四个月里,这两个问题一直是我内心沉重的负担。

首先,大师们的英语人文底蕴深厚,均呈三多:细腻的用词多、缜密的复杂句多、含蓄的表达法多。因此,再现原文风格的难度颇大。

突破的方法就是采用功能主义指导下的"厚"翻译。即在原文行文基础上多加笔墨、充分发挥译文语言优势,如使用四字成语/结构、文言修辞、流行词等,使读者感受到原文的文化意蕴。如:

[原文] We cannot do more than point to the means of health. Their production and supply is not our function. We are called upon to cure sickness.

[译文] 我们只能点拨通向健康的手段,除此而外,爱莫能助。医者有医者的业力,医者不负责主动产出与提供确保健康的手段,我们只做到随叫随到,救死扶伤,即所谓"道不轻传,医不叩门"也。

［原文］In this business it is all too easy to let a little inhumanity in at one end so that a little more profit may come out at the other.

［译文］养殖业如跷跷板，在这头给人道原则稍稍松松绑，给非人道做法略微放放行，而那头立马就会多得点蝇头小利。干这一行的，内心皆深谙此道，想不这么干都难。

书中诸多学科术语或国情词语也给翻译带来了困难。如，动物的"Five Freedoms"，国内学界尚无统一译法。原文中，"freedom"的右搭配是"from"，意为"免于……（痛苦等）"。显然，译成"五大免于"会淡化其纲领性意味，译为"五大原则"又失之过宽。因此，本书仍沿用"五大自由"的译法。该书第九章专论虐待与立法（Cruelty and Legislation），其中，"cruelty"（本义为"残忍"）在法律上多译成"虐待"。"Manchester Corporation"是曼彻斯特市政府，不是曼彻斯特公司！

当年的英国牛肉生产与品质分类及偏好与现在有所不同，更与我国的不同。如，饲养三个月即送宰、常是培育奶牛时淘汰下来的小公牛，叫"veal calf"（小肉牛）或叫"Bobby calf"（博比小牛），其产品叫"veal"（小牛肉）。而肉牛种培育出来的、一般养到一年送宰的小肉牛叫"beef calf"（小菜牛，烤肉小肉牛），其中用大麦等精饲料喂养的，则叫"barely beef calf"（大麦小菜牛）。菜牛肉的肉色更深。其他如"出栏""出苗""断喙""剃宰""挂鸡"等，都要按专业要求来译。书中的英制单位，多为12进位，因此，不宜把"1/2ft"译成0.5英尺。

英国的面貌早已今非昔比，农业生产也如咸鱼翻身，大为改观。当年令人眼花缭乱的英国币制早已被精简，很多政府机构、民间组织，或蜕变改名，或解散，当年的流行热词早已废用，有些缩略语难于复原。如，"p.o.l."，经彻查互联网，才复原了源词语"point of lay"（产蛋点）。随着食用油的浸提法对压榨法的取代，英国制油与油饼厂（British Oil and Cake Mills）已不复存在。老旧的信息在年轻的互联网上是不容易查到的。这是翻译此书的又一难。

何谓"C$_3$ nation"？问外教，答曰，可能类似 G20 这种说法。其实，书中该说法深埋于历史文件中。英国一战时《兵役法》中规定的新兵体质等级从 A$_1$ 到 C$_3$ 不等，C$_3$ 级属于不适合战斗训练的等级，曾用来蔑指体质差。翻译难，有时，"一名之立，旬日踟蹰"。

此书付梓时，正值我高校教龄 37 年整、开办退休手续之时。作为恢复高考后首届大学生与改革开放 40 年的参与者，我曾在三所高校工作过，在三大学科门类上教过翻译（文学）、西方文化（历史学）、竹笛（艺术学）等课程，并任研究生导师 15 年。在退休这个月里能完成此书的翻译，虽夜以继日，但乐此不疲。一边沉浸在自己的爱好中，一边慢慢淡出三尺讲台。我能被委此重任，感谢严火其教授、张惠玲编辑的大力举荐与指导。感谢张惠玲编辑对译稿文字的严格把关，去除舛误。感谢南京农业大学外语学院研究生严洁、夏煜祺、董馨语、钱霜虹、于馍宁、祝苗、濮训忠、张钰蓉、聂钧平帮助校对、校正校样。感谢香港中文大学的王玮明同学帮助查询有关信息。

翻译究竟是科学，还是艺术，众说纷纭，仁智互见。过度讲究理性，会让条条框框束缚自己的语言创造力；过度艺术加工，会出轨跑偏。就算是做到了两者兼顾，其产品也难免遗憾。本人理性学识有限，艺术功底不深，加之接受任务时课程任务早已签领，因此，译文讹误难以一网打尽，诚望读者对照原文（可网购）指误纠偏。

南京农业大学外国语学院教授　侯广旭